高动态飞行器
阵列天线波束形成技术

倪淑燕　崔建华　雷拓峰　著

U0312457

国防工業出版社
·北京·

内 容 简 介

阵列天线在飞机、导弹等各种高动态飞行器中得到了广泛应用，结合先进的波束形成技术，可以有效地提高系统抗干扰能力。本书针对高动态环境下波束形成的特点和影响因素，从阵元利用率、稳健性和实时性等问题出发，介绍了虚拟阵列波束形成、稳健波束形成、干扰零陷展宽以及波束形成的高效递推算法。

本书在详细介绍基本理论的基础上，结合作者的研究工作进行论述，可作为信息与通信工程等专业本科生、研究生以及相关专业科技人员的参考书。

图书在版编目(CIP)数据

高动态飞行器阵列天线波束形成技术/倪淑燕，崔建华，雷拓峰著. —北京：国防工业出版社，2021.12

ISBN 978-7-118-12352-4

Ⅰ. ①高… Ⅱ. ①倪… ②崔… ③雷… Ⅲ. ①飞行器-阵列天线-研究 Ⅳ. ①V443

中国版本图书馆 CIP 数据核字(2021)第 239343 号

※

国防工业出版社出版发行

(北京市海淀区紫竹院南路 23 号 邮政编码 100048)

三河市德鑫印刷有限公司印刷

新华书店经售

*

开本 710×1000 1/16 **印张** 9¼ **字数** 160 千字

2021 年 12 月第 1 版第 1 次印刷 **印数** 1—1500 册 **定价** 49.00 元

(本书如有印装错误，我社负责调换)

国防书店：(010)88540777 书店传真：(010)88540776

发行业务：(010)88540717 发行传真：(010)88540762

编写委员会

倪淑燕　崔建华　雷拓峰　程乃平　陈世淼
程凌峰　宋　鑫　杨新岩　李　磊　徐　菁
严大双　王海宁　罗亚伦　张　珂　张爱迪
刘耀生

前　言

空中力量已成为现代战争中的决定力量。各种先进的高动态飞行器，如飞机、导弹、巡航导弹等，为了获得更高的武器性能，越来越多地在通信、导航和雷达探测系统中采用阵列天线。阵列天线结合数字波束形成(DBF)技术，可以灵活实现波束赋形，将主瓣对准期望信号的同时在干扰方向形成零陷，可以显著减低发射截获概率，提高系统抗干扰能力，非常适用于复杂战场环境，具有广阔的应用前景。本书针对高动态飞行器阵列规模有限、可用快拍有限、DOA失配严重、对实时性要求高的特点，重点研究了可以提高阵元利用率的虚拟阵列波束形成技术、对DOA失配和小快拍具有稳健的波束形成算法、可以抑制动态干扰的零陷展宽技术和有利于系统实时实现的高效递推算法，对DBF技术在高动态飞行器中的应用具有重要的理论意义。

本书分为6章，内容安排如下。

第1章介绍了高动态飞行器波束形成技术的研究背景、目的意义以及国内研究现状。

第2章介绍了阵列信号的基本数字模型和波束形成的基本知识，比较了几种常用波束形成方法的优缺点，并通过分析高动态环境下波束形成的特点及影响因素，引出了高动态数字波束形成技术的主要研究内容。

第3章主要研究了虚拟阵列波束形成技术。介绍了虚拟阵列的基本原理，比较了现有虚拟阵列波束形成方法的优缺点；针对接收信号为非圆信号的小阵列天线，在考虑信道附加相位的基础上，研究了非圆信号的共轭虚拟阵列波束形成方法，对其波束性能进行了分析并提出了改进措施；针对共形圆阵中由于载体遮挡只有部分阵元工作造成的阵增益低问题，讨论了适用于均匀圆阵的虚拟阵元波束形成方法。

第4章讨论了对导向矢量误差和协方差矩阵误差具有稳健性的波束形成方法。针对特征空间算法讨论了方向约束特征空间算法和基于子空间逼近的特征空间算法，分别解决了ESB算法在特定指向误差处性能急剧下降和运算量高的问题；对RCB算法中的样本协方差矩阵进行了修正，讨论了一种基于变对角加载的RCB算法，对导向矢量误差和协方差矩阵误差都具有很好的稳健性；讨论了一种更简单的前后向平滑的实数实现方法，并将其与 ESB 算法、RCB 算法结合，在提高了稳健性的同时降低了运算量。

第 5 章讨论了可以抑制相对运动干扰的零陷展宽技术。仿真比较了几种常用的零陷展宽算法的原理，分析了它们的区别与联系，并将它们统一到了矩阵锥化的范畴；通过对锥化矩阵进行特征值分解，推导了零陷展宽的递推实现方式，降低了计算量，并分析了几种常用锥化矩阵的特点，确定了 Mailloux 算法中虚拟干扰源数的选取原则，对 MZ 算法的锥化矩阵进行了降秩近似，进一步降低了计算量。

第 6 章讨论了基于 QRD 的自适应波束形成的高效递推算法。介绍了 QRD 算法基本原理和其递推实现方法，针对固定对角加载无法利用递推公式的问题，研究了变对角加载递推 QRD 算法；针对快拍数小于阵元数的情况，利用 Gram - Schmidt 正交化进行逐次迭代的 QR 分解，讨论了一种运算量更低的递推算法；针对更实用的滑窗样本更新方式，利用双曲 Householder 变换，给出了一种固定样本数目的递推 QRD 算法，并利用 IQRD 的思想对其进行了进一步改进，在此基础上讨论了更为稳健的对角加载递推 IQRD 算法。

在本书的编写过程中得到了同事、家人和朋友的帮助与鼓励，在此表示感谢。

由于作者能力有限，书中难免存在疏漏和不当之处，恳请读者批评指正。

作者

2021 年 4 月

目　　录

第1章　绪　　论

1.1　概述

复杂、多变的战场电磁环境以及敌方的针对性干扰，对飞行器信息传输系统提出了越来越高的要求。因此，高质量的信号传输、抗干扰及抗信号截获已成为现代飞行器信息传输系统不可回避的研究课题。在诸多信号增强和抗干扰技术中，智能天线是一种不可或缺的手段[1-5]。近年来，各种先进的高动态飞行器，如小卫星、无人机、导弹等，为了获得更好的性能，采用了阵列天线技术[6-7]，使其在发射信号和接收信号时，可以将主瓣对准目标，减少干扰，提高通信可靠性。随着空间技术的发展和系统性能的完善，阵列信号处理理论发展迅速，实验开展活跃，智能天线将向着高性能、小型化以及智能化方向发展[8]，这也使在高动态飞行器中采用智能天线技术来提高信号接收质量成为可能。

实现智能天线的核心技术是波束形成技术。早期的测控系统接收天线具有固定的方向图，为了使接收达到更好的效果，人们利用机械转台跟踪目标，使天线波束的主瓣始终对准目标，这种方式跟踪精度低、反应慢，机械设备复杂。相控阵天线通过在每个天线单元上用可变相位或延时控制的方法，在不需要转动天线的条件下就可以将主瓣对准目标[9-10]。但是，由于没有采用先进的自适应零点控制技术，虽然可以通过优化方向图降低旁瓣，却不能在干扰方向形成零陷，如果强干扰进入天线旁瓣，会严重影响接收效果。自适应波束形成技术能够随变化的信号环境自动调节权系数，不仅能使主瓣对准期望信号，还能将零陷对准干扰，具有很强的抗干扰能力[11-13]。

按实现方式的不同，波束形成可以分为模拟波束形成和数字波束形成（Digital Beamforming，DBF）两大类[14]。模拟波束形成在射频或中频采用移相器实现，硬件结构复杂，数字波束形成在基带通过软件来实现，具有很高的灵活性和可扩展性。近20年，自适应DBF技术在雷达、通信、声纳、地震勘探、导航等方面都得到了广泛的研究[15-17]。

虽然自适应DBF技术对提高系统性能具有很大潜力，但是良好的自适应波束形成算法通常需要很大的运算量以及复杂的结构，而高动态飞行器由于在功率、体积、重量、应用等方面的限制，天线规模和计算能力都很有限，很难利用这些复杂算法。由于阵列平台的高速运动，多普勒频移大且变化快，各种误差和失配更为严重，对实时性要求比较高，很多自适应波束形成算法在地面时可以很好的工作，一旦应用在高速飞行器上，性能会急剧下降。因此，采用较少的阵元数、较低的运算量和简洁的结构实现更稳健的自适应波束，以适应高动态环境中提高信号质量的要求，始终是科技人员努力的目标之一。

1.2 飞行器阵列天线

1.2.1 星载阵列天线

自 1975 年发射的国际通信卫星首次采用多波束阵列天线以来，卫星多波束天线技术发展迅速。目前，很多在轨运行的卫星，如美国的宽带全球卫星（Wideband Global SATCOM system，WGS）、我国的天通卫星以及全球星、铱星等，都采用了多波束天线技术[18]。多波束天线使地面终端可以采用较小口径的天线实现高速率数据传输，并可以进行有效的频谱复用，从而使通信容量成倍增加。20 世纪 90 年代，有源相控阵技术开始用于星载多波束天线，其功率放大器和低噪声放大器直接置于辐射单元后面，有效改善了天线发射时的 EIRP（Effective Isotropic Radiated Power）值和天线接收时的 G/T 值[19]。

除多波束天线以外，为了提高卫星通信的抗干扰能力，美国的 AEHF（Advanced Extremely High Frequency）卫星还采用了自适应调零天线，如图 1.1 所示，该天线采用 1m 的偏置反射面，利用 13 个馈源的馈源阵列进行自适应波束形成，可以快速修正天线方向图将零陷指向干扰信号，干扰抑制能力可达 30dB。

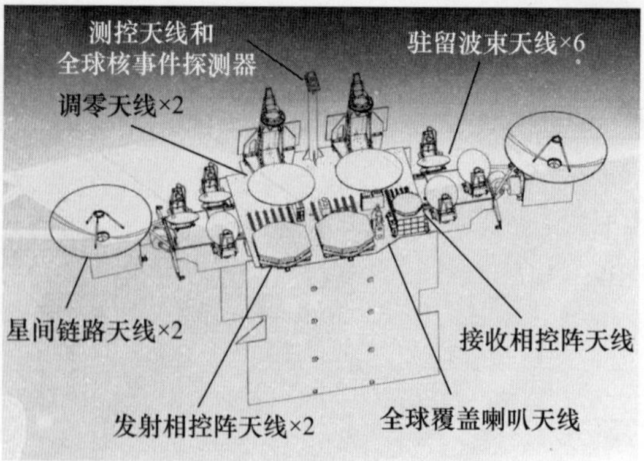

图 1.1 AEHF 的天线

微小卫星具备成本低、质量小、体积小、性能高、研制周期短、发射灵活、低轨运行、应用方便等特点，具有强劲的发展势头和广阔的应用前景[20-22]。在微小卫星上加装小型相控阵列天线，可以有效提高其通信速率，目前已有几十千克级的微小卫星上加装了相控阵数传天线，使数传速率达到了100Mb/s以上。微小卫星通常一次只需要形成一个波束指向某一个确定方向，所以设备实现相对简单和低廉[24]。目前，很多新颖又能够实际应用的算法[25]，它们能否应用于小卫星的是一个值得研究的问题。

1.2.2 弹载阵列天线

弹载天线的可用种类繁多，大多为低增益宽波束天线，为了解决弹载天线增益低的问题，定向高增益的阵列天线开始在导弹系统中得到应用。中国航天科工集团公司为巡航弹研制的天线就采用了环形的共形阵列，该阵列由18个天线单元组成，每个单元有收发各两个波导缝隙天线，相邻3个单元形成一个20°的波束，利用灵活的波束切换技术，每次切换一个单元，用18个波束解决近于球形的天线波束覆盖问题。这种波束切换方式虽然可以提供比较高的增益，但由于波束形状是预设的，不能调整零陷对准干扰，抗干扰能力有限。美国的一些高造价的武器系统上，如战术“战斧”Block Ⅳ导弹上，已经装载了先进的自适应调零天线，可以将全球定位系统(GPS)接收机的抗干扰能力提高40～50dB。

对于导弹武器系统，由于导弹的自旋转，需要具有抗旋转能力的弹载天线。当前，美军在其远程炮弹系统上，加装了抗旋转的GPS天线，并成功应用于上述武器系统的测试与评估。我国也已经开展了弹载抗旋转天线技术的初步研究，采用多阵元天线阵列，进行小型化弹体赋形天线阵列研制，并通过先进的自适应波束形成技术对各天线单元接收的信号进行组合，从而实现任意姿态下的信号的最优合成。

1.2.3 机载阵列天线

机载天线方面，美国的F16战斗机已经采用了自适应阵列天线，并且我国近几年一些新研发的小飞行器上也已经采用了阵列天线技术，如南京航空航天大学研发的微型飞行器，其天线设计采用了矩形阵列天线，可以实现自适应波束形成[26]；航天工程大学研制的机载导航接收天线，机载前段采用了圆形阵列天线，可用于抗干扰测姿[27]。

1.3 数字波束形成技术发展

波束形成是阵列信号处理的核心内容，它通过对空间传感器阵列接收数据设计合适的幅度和相位加权，达到通过有用信号抑制干扰的目的。其主要功能包括：形成阵列接收系统的方向图；进行空域滤波，抑制空间干扰和环境噪声，提高信噪比；估计信号到达方向，进行多目标分辨；为信号源定位创造条件。

最初的波束形成采用的是模拟方式，在射频或中频利用移相器和衰减器实现幅相调整，早期的相控阵天线中主要采用这种方式。随着现代信号处理技术迅速发展，在基带利用数字方式实现幅相加权，即数字波束形成 DBF 得到了越来越广泛的应用[28]。由于 DBF 技术的灵活性，不仅可以将主瓣对准目标，还可以设计低旁瓣或零陷对准干扰，提高通信可靠性。

数字波束形成有两种方式[29]：一种是预成多波束的波束切换方式；另一种是自适应波束形成方式。预成多波束不能实现信号的最佳接收，但由于其结构简单，无须判定用户到达方向，在雷达、卫星通信领域得到了广泛应用[30]。自适应波束形成是自适应滤波技术用于阵列信号处理发展而来的，又称为自适应空域滤波，用于形成方向性波束，以便在接收某一特定方向信号的同时，衰减其他方向信号，具很强的抗干扰能力。

波束形成性能的优劣可以从如下几个重要性能指标考查[31]：阵增益、稳健性、旁瓣水平、主瓣宽度、主瓣响应、频率响应等。低旁瓣可以有效抑制来自旁瓣区域的干扰，减低目标检测的虚警概率；窄的主瓣宽度可以提高目标方位分辨能力；高的阵增益可以提高系统对弱目标的检测能力；高的稳健性使波束形成的性能受各种失配的影响减小。这几个性能之间不是独立的，而是相互关联的，波束形成需要在这些相互冲突的性能之间寻找最佳的折中，并且在实际应用中，还要考虑运算量、复杂度等因素。

1.4 虚拟阵列波束形成技术发展

传统的阵列信号处理中的信噪比往往比较低，要实现对微弱目标的检测，需要扩大阵列孔径，这意味着阵元数目的增加。由于实际因素的限制，阵列尺寸不可能做得很大。因此，如何在保持增益、束宽等指标的前提下，减小阵元数目，提高性价比，已成为未来阵列发展的趋势之一，虚拟阵列就是在这种情况下产生的。

1994 年，M. Wax 等提出了一种把均匀圆阵转换为虚拟均匀线阵的方法[32-33]，通过将观测空间划分为几个小的扇区，在每个小扇区通过扇区内插法将其分别等效为虚拟均匀线阵，其目的是为了能够使用均匀线阵的一些成熟的阵列信号处理算法；后来人们将这种扇区内插法扩展到了不规则形状的阵列，并将其与高分辨率的波达方向(Direction - of - arrival,DOA)估计算法结合[34-35],还对变换参数及变换矩阵的选择进行了研究[36-40]。也有文献将这种扇区内插法用于均匀线阵的阵元扩展中[41],但是由于阵列孔径没有变化,分辨率并不会提高。1995 年,Dogan 和 Mendel 明确提出了虚拟阵列扩展的概念[42],并提出一种虚拟孔径扩展的新颖算法——VC^3算法,证明了用 M 个阵元可以对 M 若干倍的信源进行估计,但是该方法确定虚拟阵元位置较复杂,并且增大了阵元的冗余量;陈建等[43]提出了一种基于高阶累积量的虚拟阵列扩展方法,由实际阵元的坐标与方向矢量计算出虚拟阵元的坐标与方向矢量,结合 MUSIC(Multiple Signal Classification)方法对非高斯独立信号源进行 DOA 估计;还有一类利用非圆信号的实值特性进行虚拟阵列扩展的方法,如共轭 ESPRIT(Estimation of Signal Parameters via Rotational Invariant Techniques)算法和共轭 MUSIC 算法,这两种方法都是利用接收数据及其共轭信息构造虚拟子阵;此外,也有学者在共轭 ESPRIT 算法的基础上提出了一种非相干信源 DOA 估计算法[44];刘志刚等研究了共轭 MUSIC 算法的虚拟子阵构造方法[45-46],并将其与空间平滑方法结合,提高了小样本时的分辨率。此外,Kaushik 等提出了一种 ESPRIT 类的实值频率估计算法[47]。但是子空间算法计算过程是十分繁琐的,2006 年,E. Candes 等证明了稀疏信号的可恢复[48-49],因此,压缩感知理论被正式提出来,进而解决子空间算法在低信噪比、快拍下的分辨力弱的问题。

上述大部分虚拟阵列扩展方法都是针对高分辨率的 DOA 估计而提出来的,对于其在波束形成中应用的文献较少,目前,主要的虚拟阵列波束形成方法有相移法[50-51]、延时求和法[51-52]、线性预测法[52-53]和最小二乘法[54]。其中相移法只适用于窄带信号,后 3 种方法都能用于宽带信号。延时求和法和最小二乘法的虚拟阵元相位都是利用期望信号入射方向计算的,存在干扰时,虚拟阵列对干扰方向等效的导向矢量就会产生错误,自适应波束形成就不能有效地抑制干扰;线性预测法由于其采用的相关函数的特殊性,只适用于接收到单一信号的情况;相移法虽然可以保留所有信号的方位信息,但却丢失了时间信息,不能为后续处理提供数据。

1.5 自适应波束形成算法现状

1.5.1 基本算法

自适应算法有闭环算法和开环算法,在早期主要注重于闭环算法的研究[55],主要的闭环算法有最小均方(Least Mean - Square Error,LMS)算法、差分最陡下降(Differential steepest descent,DSD)算法、递归最小方差(Recursive Least Squares,RLS)算法、加速梯度(Accelerated Gradient Descent,AG)算法以及它们的变形算法。闭环算法实现简单,性能可靠,无需数据存储,但是收敛速度太慢,在很多要求具有快速响应的场合,闭环算法不适宜。因此,在近二十多年来,人们把兴趣更多地集中在对开环算法的研究上,最有代表性的采样矩阵求逆(Sample Matrix Inverse,SMI)算法[56-57],它用有限样本的估计值代替数据协方差矩阵的真实值,并对协方差矩阵直接求逆来计算权矢量,理论上具有较快的收敛速度。

1.5.2 稳健性算法

实际应用中,通常存在各种误差,如 DOA 估计不准确或阵元位置扰动等引起的导向矢量误差和小样本估计引起的协方差矩阵误差,这些都会严重影响 SMI 算法的波束性能,使输出信干噪比急剧下降,甚至会产生信号自消现象[58-59]。为了克服各种误差引起的性能下降,人们进行了大量研究来提高自适应波束形成的稳健性,最有代表性的方法有三类[60]:对角加载(Diagonal Loaded Sample - Matrix Inversion,LSMI)法、线性约束(Linearly Constrained Minimum Variance,LCMV)法和特征空间(Eigenspace - Based,ESB)法。

(1) 对角加载法。通过人为注入噪声使数据协方差矩阵的噪声特征值扩散程度减小,加快算法收敛[61],但该方法会使干扰抑制能力减弱,且加载量难以控制。近年来,基于变对角加载的稳健波束形成方法得到了越来广泛的研究[62-68],如最差性能最优化(Worst - Case Performance Optimization, WCPO)法[64-65]、稳健 Capon 波束形成(Robust Capon Beamforming,RCB)算法[66-68]等。这类方法根据导向矢量误差的不确定范围,构造有约束的最优化问题,并用牛顿迭代法求解最优加载量,解决了加载量确定的问题,具有更好的稳健性。但是,它需要进行特征值分解,运算量较大,并且性能受导向矢量误差范围的影响[69],这在一定程度上又限制了其应用。

(2) 线性约束法[70-74]。通过适当的约束条件使自适应波束满足一定的稳健条件,从而减小波束形成对指向误差的敏感性。这种技术只适用于观察方向失配的情况,对其他类型的失配,如阵列扰动、阵列流型误差等不能提供足够的稳健性,并且约束条件会占用系统的自由度,降低对干扰抑制能力。如果约束条件不适当,还可能使算法变得不收敛或者收敛速度缓慢。

(3) 特征空间法[75-80]。通过摒弃自适应权矢量在噪声子空间的分量,仅仅保留其在信号子空间的分量来提高波束形成算法的性能,能够解决任意类型的导向矢量失配问题,具有较快的收敛速度,但性能随指向误差的变化存在周期性的下降[77-78]，并且它需要准确估计信号子空间的维数，当子空间维数过估计或欠估计时，算法失效[79]。

对于小快拍引起的协方差矩阵估计误差，还有一种改善方法是前后向平滑（Forward - Backward - Smoothing，FBS）技术，FBS 技术最初在定向问题中提出，用于分辨相关信号[81-83]，后来在波束形成中得到广泛应用[84]，它可以降低最大似然估计由于有限数据平均而等效的信号之间的相关性，将等效的快拍数加倍，具有更高的阵列增益，并且可以解决 $K<M$ 时估计矩阵不满秩的问题。

1.5.3 零陷展宽算法

在一般的窄带情况下，自适应算法所形成的干扰零陷很窄，并且非常陡峭。在高动态环境下，由于天线平台的快速运动，造成干扰的入射方向的变化较快，很可能使干扰方向移出天线方向图的零陷位置，从而使常规的自适应算法失效。为了保证处理时间内干扰始终处于零陷内，需要人为设计较宽的零陷。

Mailloux 和 Zatman 都对零陷加宽问题进行了研究，并且各自独立地提出了零陷加宽的解决方案，分别为干扰方位扩展法[85]和频带扩展法[86]；Guerci 将以上两个零点展宽方法统一为协方差矩阵锥化（Covariance Matrix Taper，CMT）法的形式[87]；H. Song 研究了快拍不足时的零陷展宽技术，并将 Mailloux 法和 Zatman 法进行了比较，找出了其区别与联系[88-89]；导数约束是另一种控制零点附件波束图的方法，在干扰方向施加导数约束也可以展宽零陷，这种方法会消耗系统的自由度，不适用于干扰较多时，并且干扰方向需要先验已知；Gershman 提出了一种不需要先验已知干扰方向信息的导数约束法，称为依赖于数据的导数约束（Data - dependent Derivative Constraints，DDCs）法[90]；Zatman 将导数约束法也纳入到了协方差矩阵锥消法中[91]；武思军、陈四根推导出了虚拟矢量旋转的零陷加宽技术[92-93]，同 CMT 算法一样，这种方法等效的协方差矩阵也可以表示为原协方差矩阵与一个扩展矩阵的 Hadamard 乘积，只是扩展矩阵不同；M. Rübsamen 等在 CMT 算法的计算量上进行了改进，提出了低秩近似 CMT 算法[94]。另外，也有一些文献将零陷展宽算法与稳健的波束形成方法结合[95-98]，可以同时获得对导向矢量误差和动干扰的稳健性；Vorobyov 等则从最差性能最优化的角度提出了一种新的对导向矢量误差和动干扰都具有稳健性的方法，该方法利用 Sedumi 函数求解最优权，缺点是运算量比较大。

1.5.4 快速算法

采用快速算法主要是为了降低运算量以达到实时的要求：一是采用部分自适应技术[99-100]；二是寻找快速算法；三是采用递归形式的算法。部分自适应技术可以分为阵元空间和波束空间部分自适应处理，主要方法有特征结构法和功率最小化法等[101]，它不仅能降低自适应天线系统实现的复杂性，而且能减少计算量使波束形成器获得快速响应，有利于实时场合的应用；缺点是损失了系统自由度，波束形成的性能有所下降，应用在性能要求不是很高的星载天线中，可以保证在服务区指向有足够增益的前提下对干扰信号进行一定的抑制。快速波束形成算法的代表是正交化算法，该算法运算简单，能有效对消掉干扰，但仅适用于样本数据中不含期望信号的情况。SMI 及其演化算法的主要计算量来自于特征值分解和矩阵求逆，为了减低运算量，许多学者致力于研究递归形式的波束形成算法，如递推最小二乘算法[102]、递归的线性约束最小方差算法[103]，都避开了直接对矩阵进行求逆运算，将运算量由 $O(M^3)$ 减低至 $O(M^2)$；Gershman 等推导了 WCPO 算法的最优权的闭解式，并采用秩－2 修正算法求解其权矢量，运算量降为 $O(M^2)$；RCB 算法和双约束 RCB（Doubly Constrained Robust Capon Beamforming，DCRCB）算法在采用牛顿算法搜索加载量的同时，将循环迭代的方法运用到矩阵的特征分解运算中，运算量为 $O(M^2)$。

以上算法的实现方式在数学上讲都属于均方域方法，需要显式计算数据协方差矩阵，相当于对采样数据进行平方运算，这在许多实际情况下使得协方差矩阵出现病态，严重影响算法的数值特性。更为重要的是，这种实现方法不利于系统的并行实现。因此，在工程实现上一般不采用均方域算法，而采用基于 QR 分解（QR Decomposition，QRD）的数据域算法。通过对输入数据矩阵做 QR 分解完成协方差矩阵的估计，进而求得权矢量。基于 QRD 的自适应波束形成算法可以采用递推方式实现[104]，其数值特性优于均方域算法，并且具有固有的高度并行性，结构非常易于 Systolic 阵并行实现，使得采用目前高性能的通用 DSP 实现自适应波束形成成为可能[105]。基本 QRD 算法虽然在实际系统中得到了应用，但由于需要前后向回代，硬件实现代价较大，软件编程开销也大，不能做到真正意义上权矢量的实时更新，而逆 QR 分解（Inverse QR Decomposition，IQRD）算法避免了前后向回代，可以在每次快拍时实时更新权矢量，更利用系统的实时实现[106-111]。

对数据矩阵进行 QR 分解的基本方法包括 Givens 旋转、Household 变换和 Gram－Schmidt 正交化等几种方法[112-113]，Givens 旋转可以有效地消去矩阵某些特定位置上的元素，其分解结果比较精确。但是，由于算法增加了各处理器之间的通信负荷，其资源消耗较大；Household 变换在结果的精度方面稍差，但运算速度较高，在单处理器实现时具有较大的优势；Gram－Schmidt 正交化则适用于列处理方式。为了提高运算速度，也有一些文献在 3 种基本方法的基础上进行了改进，如改进的 Gram－Schmidt 算法[114]、Givens 和 Household 结合的算法[115]等。

目前,基于 QRD 和 IQRD 的递推算法多是在样本数不断增加的情况下得出的[106,109,112],即每次快拍增加一个样本数据,实际中样本数不可能无限积累,有些文献加入了遗忘因子以减小过去数据的影响[116],但仍然不适用于实际应用。在样本数有限的条件下,更实用的数据更新方式是滑窗方式,即每增加一个新样本的同时删除一个旧样本[117],保持所用样本数目不变。

第 2 章　波束形成基础理论

一般的阵列信号处理问题可以描述为:将多个传感器设置在空间的不同位置而组成传感器阵列,采集空间信号场数据,然后采用阵列信号处理算法对接收数据进行处理,增强所需要的有用信号,抑制无用的干扰和噪声,并提取有用的信号特征以及信号所包含的信息。本章介绍了阵列信号处理的基本数字模型和波束形成的基本原理,给出了波束形成的几个主要性能参数,对几种常用的波束形成算法进行了讨论,并分析了高动态环境下波束形成的特点及影响因素,引出了高动态数字波束形成技术的主要研究内容。

2.1　数学模型

2.1.1　阵列模型

为了增强天线的方向性,提高天线的增益系数,可以把若干个天线按一定规律排列起来,并给予适当的激励,这样组成的天线系统称为天线阵,组成天线阵的独立单元称为天线单元或阵元,阵元可以是任何类型的天线。

按阵元在空间排列的方式,天线阵可分为 3 类:线阵、平面阵和体积阵。线阵和平面阵可以认为是体积阵的特例。图 2.1 显示了一个由 M 个阵元组成的阵列,选择某一空间参考点,该参考点可以任意设定,以该参考点作为坐标原点,各阵元的位置可以用三维坐标表示为

$$\boldsymbol{p}_m = [p_{xm}, p_{ym}, p_{zm}]^{\mathrm{T}}, \quad m = 1,2,\cdots,M \tag{2.1}$$

式中:$(\cdot)^{\mathrm{T}}$ 表示转置。

假设一个远场平面波信号从球面角 (θ,ϕ) 的方向入射, θ 和 ϕ 分别表示信号的俯仰角和方位角。信号入射方向的单位矢量可以表示为

$$\boldsymbol{v}(\theta,\phi) = -[\sin\theta\cos\varphi, \sin\theta\sin\varphi, \cos\theta]^{\mathrm{T}} \tag{2.2}$$

由于信号源与各阵元的距离不同,信号到达各种阵元的时间不同,第 m 个阵元相对于参考点的时间延迟可以表示为

$$\tau_m = \boldsymbol{v}^{\mathrm{T}}(\theta,\phi)\,\boldsymbol{p}_m/c \tag{2.3}$$

式中:c 表示光速。

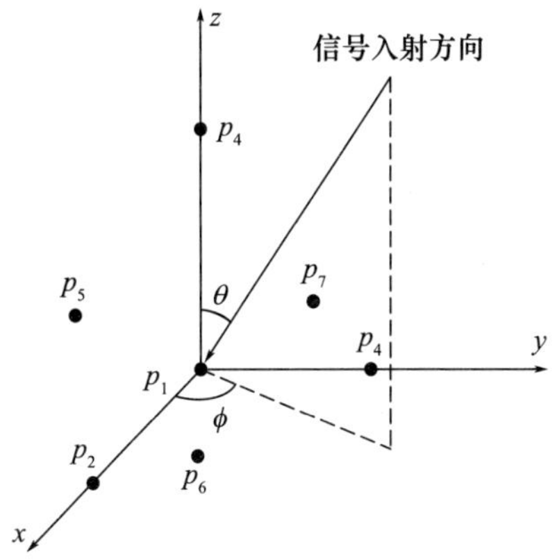

图 2.1　阵列天线示意图

假设在参考点接收信号为 $x_0(t) = s(t)e^{j\omega t}$，则经过传播时延，第 m 个阵元接收信号为

$$x_m(t) = x_0(t - \tau_m) = s(t - \tau_m)e^{j\omega(t-\tau_m)} \tag{2.4}$$

对于窄带信号，由于信号的带宽比载波的频率小很多，因此，$s(t)$ 的变化相对缓慢，故有 $s(t-\tau_m) \approx s(t)$，即信号包络在各阵元上的差异可以忽略不计。这样 $x_m(t)$ 可以表示为

$$x_m(t) = x_0(t)e^{-j\omega\boldsymbol{v}^{\mathrm{T}}(\theta,\phi)\boldsymbol{p}_m/c} = x_0(t)e^{-j\boldsymbol{k}^{\mathrm{T}}\boldsymbol{p}_m} = x_0(t)e^{j\psi_m} \tag{2.5}$$

式中：$\boldsymbol{k} = \omega\boldsymbol{v}(\theta,\phi)/c = 2\pi\boldsymbol{v}(\theta,\phi)/\lambda$ 定义为波数矢量，表征了信号的频率和入射方向；$\psi_m = -\boldsymbol{k}^T\boldsymbol{p}_m$ 表示第 m 个阵元与参考点接收信号的相位差。

实际上，由于数字波束形成是在基带进行的，因此，参考点的接收信号可直接用其复包络表示，即 $x_0(t) = s(t)$。

将 M 个阵元的接收数据写成天线阵的形式，即

$$\begin{aligned}\boldsymbol{x}(t) &= [x_1(t), x_2(t), \cdots, x_M(t)]^{\mathrm{T}} \\ &= x_0(t)[e^{-j\boldsymbol{k}^{\mathrm{T}}p_1}, e^{-j\boldsymbol{k}^{\mathrm{T}}p_2}, \cdots, e^{-j\boldsymbol{k}^{\mathrm{T}}p_M}]^{\mathrm{T}} = s(t)\boldsymbol{a}(\boldsymbol{k})\end{aligned} \tag{2.6}$$

其中

$$\boldsymbol{a}(\boldsymbol{k}) = [e^{-j\boldsymbol{k}^{\mathrm{T}}p_1}, e^{-j\boldsymbol{k}^{\mathrm{T}}p_2}, \cdots, e^{-j\boldsymbol{k}^{\mathrm{T}}p_M}]^{\mathrm{T}} \tag{2.7}$$

定义为阵列的响应矢量，也称为阵列流型矢量，对于一个确定的方向，也称为该方向的方向矢量或导向矢量。它不仅反映了阵列相对的空间结构，还包含了信号的方位信息，在波束形成中起着十分重要的作用。

下面介绍几种常用阵列的阵列流型。

(1) 均匀线阵。若干个阵元等间距地排列成一条直线即为均匀线阵(ULA)。为了直观说明，采用二维平面来讨论。图 2.2 所示为间距是 d 的 M 元

等距线阵。以第一阵元为参考阵元,定义入射方向与阵列法线的夹角 θ 为波达方向,则第 m 个阵元与参考阵元的相位差为

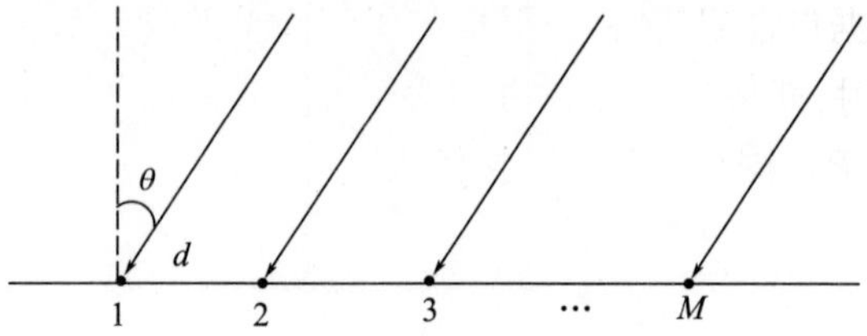

图 2.2　均匀线阵模型

$$\psi_m = -\frac{2\pi d}{\lambda}(m-1)\sin\theta \tag{2.8}$$

因此,均匀线阵的阵列流型矢量可以表示为

$$\boldsymbol{a}(\theta) = [1, \mathrm{e}^{-\mathrm{j}2\pi d\sin\theta/\lambda}, \cdots, \mathrm{e}^{-\mathrm{j}2\pi d(M-1)\sin\theta/\lambda}]^{\mathrm{T}} \tag{2.9}$$

(2) 均匀圆阵。均匀圆阵(UCA)的几何结构如图 2.3 所示,其 M 个阵元均匀分布半径为 R 的圆周上,以阵列的中心即圆心作为参考点,第 m 个阵元在阵中的位置矢量为 $\boldsymbol{p}_m = (x_m, y_m, 0) = (R\cos\beta_m, R\sin\beta_m, 0)$,其中 $\beta_m = 2\pi m/M$ 为第 m 个阵元和圆心的连线与 x 轴的夹角,则第 m 个阵元和参考点接收信号的相位差为

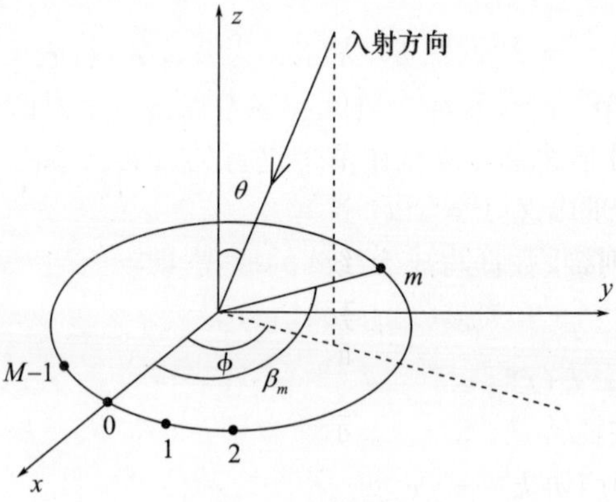

图 2.3　均匀圆阵模型

$$\psi_m = -\boldsymbol{k}^{\mathrm{T}} \cdot \boldsymbol{p}_m = \frac{2\pi}{\lambda}R\sin\theta\cos(\phi - \beta_m) \tag{2.10}$$

因此,均匀圆阵的阵列流型矢量可表示为

$$\boldsymbol{a}(\theta,\phi) = [\mathrm{e}^{\mathrm{j}\frac{2\pi}{\lambda}R\sin\theta\cos\phi}, \mathrm{e}^{\mathrm{j}\frac{2\pi}{\lambda}R\sin\theta\cos(\phi-\frac{1}{M}2\pi)}, \cdots, \mathrm{e}^{\mathrm{j}\frac{2\pi}{\lambda}R\sin\theta\cos(\phi-\frac{M-1}{M}2\pi)}]^{\mathrm{T}} \tag{2.11}$$

2.1.2 阵列接收数据模型

阵列接收数据包含期望信号、干扰与噪声 3 个部分。假设一个期望信号和 P 个干扰信号入射,期望信号入射方向为 (θ_0,ϕ_0),干扰信号入射方向为 (θ_p,ϕ_p) $(p=1,2,\cdots,P)$,则整个阵列的接收数据可以表示为

$$\boldsymbol{x}(t)=\sum_{p=0}^{P}s_p(t)\boldsymbol{a}(\theta_p,\phi_p)+\boldsymbol{n}(t) \tag{2.12}$$

式中:$s_p(t)$ $(p=0,1,\cdots,P)$为空间参考点接收到得 $P+1$ 个信号的复包络,其中 $p=0$ 对应期望信号,$p=1,2,\cdots,P$ 对应干扰信号;$\boldsymbol{n}(t)=[n_1(t),n_2(t),\cdots,n_M(t)]^{\mathrm{T}}$,$n_m(t)$ 为第 m 个阵元接收的背景噪声。

将式(2.12)表示为矩阵矢量的形式,有

$$\boldsymbol{x}(t)=[\boldsymbol{a}(\theta_0,\phi_0),\boldsymbol{a}(\theta_1,\phi_P),\cdots,\boldsymbol{a}(\theta_P,\phi_P)]\begin{bmatrix}s_0(t)\\s_1(t)\\\vdots\\s_P(t)\end{bmatrix}+\boldsymbol{n}(t)=\boldsymbol{A}\boldsymbol{s}(t)+\boldsymbol{n}(t) \tag{2.13}$$

其中

$$\boldsymbol{s}(t)=[s_0(t),s_1(t),\cdots,s_P(t)]^{\mathrm{T}}$$
$$\boldsymbol{A}=[\boldsymbol{a}(\theta_0,\phi_0),\boldsymbol{a}(\theta_1,\phi_P),\cdots,\boldsymbol{a}(\theta_P,\phi_P)]$$

可以看出,对于阵列天线系统而言,外部的信号、干扰和噪声情况主要是通过阵列接收信号表现出来,因而对外部环境的分析就在于对阵列接收信号的分析。迄今为止,阵列接收信号的二阶统计特性是最常用的处理和分析手段,其中协方差矩阵尤为重要。阵列接收信号的协方差矩阵可以表示为

$$\boldsymbol{R}_x=\mathrm{E}[\boldsymbol{x}(t)\boldsymbol{x}^{\mathrm{H}}(t)]=\boldsymbol{A}\boldsymbol{R}_s\boldsymbol{A}^{\mathrm{H}}+\boldsymbol{R}_n \tag{2.14}$$

式中:$(\cdot)^{\mathrm{H}}$ 表示共轭转置;$\mathrm{E}[\cdot]$ 表示数学期望;$\boldsymbol{R}_s=\mathrm{E}[\boldsymbol{s}(t)\boldsymbol{s}^{\mathrm{H}}(t)]$ 为信号协方差矩阵;$\boldsymbol{R}_n$ 为噪声协方差矩阵。

假设信号间两两互不相关,噪声为零均值的高斯白噪声,则

$$\boldsymbol{R}_x=\boldsymbol{A}\boldsymbol{R}_s\boldsymbol{A}^{\mathrm{H}}+\sigma_n^2\boldsymbol{I}=\sum_{p=0}^{P}\sigma_p^2\boldsymbol{a}_p\boldsymbol{a}_p^{\mathrm{H}}+\sigma_n^2\boldsymbol{I} \tag{2.15}$$

式中:$\boldsymbol{a}_p=\boldsymbol{a}(\theta_p,\phi_p)$ $(p=0,1,\cdots,P)$;σ_p^2 $(p=0,1,\cdots,P)$为第 p 个信号的功率;σ_n^2 为噪声功率;$\boldsymbol{I}$ 表示单位矩阵。

设信号源个数 $P+1$ 小于阵元数 M,对 $\boldsymbol{R}_x$ 进行特征值分解,有

$$\boldsymbol{R}_x = \sum_{i=1}^{M} \lambda_i \boldsymbol{e}_i \boldsymbol{e}_i^{\mathrm{H}} = \boldsymbol{E}_s \boldsymbol{\Lambda}_s \boldsymbol{E}_s^{\mathrm{H}} + \boldsymbol{E}_n \boldsymbol{\Lambda}_n \boldsymbol{E}_n^{\mathrm{H}} \tag{2.16}$$

式中：$\lambda_1 \geqslant \lambda_2 \geqslant \cdots \geqslant \lambda_{P+1} \geqslant \lambda_{P+2} = \cdots = \lambda_M$ 为 $\boldsymbol{R}_x$ 的 M 个特征值，其对应的特征矢量分别为 $\boldsymbol{e}_1, \cdots, \boldsymbol{e}_M$，$\boldsymbol{\Lambda}_s = \mathrm{diag}[\lambda_1, \cdots, \lambda_{P+1}]$，$\boldsymbol{\Lambda}_n = \mathrm{diag}[\lambda_{P+2}, \cdots, \lambda_M]$，$\boldsymbol{E}_s = [\boldsymbol{e}_1, \boldsymbol{e}_2, \cdots, \boldsymbol{e}_{P+1}]$，$\boldsymbol{E}_n = [\boldsymbol{e}_{P+2}, \cdots, \boldsymbol{e}_M]$，将入射信号功率由大到小的顺序统一从 1 开始编号，用 σ_p^2 表示编号为 p 的信号功率，则

$$\lambda_p = \begin{cases} \sigma_p^2 + \sigma_n^2, & p = 1, \cdots, P+1 \\ \sigma_n^2, & p = P+2, \cdots, M \end{cases} \tag{2.17}$$

因此，$\boldsymbol{R}_x$ 的特征矢量 $\boldsymbol{e}_1, \boldsymbol{e}_2, \cdots, \boldsymbol{e}_{P+1}$ 对应信号部分，其张成子空间称为信号子空间，$\boldsymbol{e}_{P+2}, \cdots, \boldsymbol{e}_M$ 对应噪声部分，其张成子空间称为噪声子空间。

2.1.3 快拍数据模型

快拍数据模型可分为时域快拍模型和频域快拍模型，分别适用于窄带信号和宽带信号，我们这里只介绍窄带时域快拍模型。

以 T_s 的采样周期对阵列接收数据进行采样，可以获得时域快拍模型为

$$\boldsymbol{x}(n) = \boldsymbol{x}(t)\big|_{t=nT_s} \tag{2.18}$$

于是，式(2.13)可以表示为

$$\boldsymbol{x}(n) = \boldsymbol{A}\boldsymbol{s}(n) + \boldsymbol{n}(n) = \sum_{p=0}^{P} s_p(n) \boldsymbol{a}(\theta_p, \phi_p) + \boldsymbol{n}(n) \tag{2.19}$$

其协方差矩阵为

$$\boldsymbol{R}_x = \mathrm{E}[\boldsymbol{x}(n)\boldsymbol{x}^{\mathrm{H}}(n)] \tag{2.20}$$

实际中的协方差矩阵通常利用一段采样快拍数据估计得到，即

$$\boldsymbol{R}_x \approx \frac{1}{K} \sum_{n=1}^{K} [\boldsymbol{x}(n)\boldsymbol{x}^{\mathrm{H}}(n)] \tag{2.21}$$

式中：K 为使用的快拍数，随着快拍数的增加，估计的协方差矩阵与真实的协方差矩阵之间的误差逐渐减小。当 $K \to \infty$ 时，估计值趋近于理想的数据协方差矩阵。在采用有限快拍对协方差矩阵进行估计时，得出的噪声特征值并不相等，这种小特征值的分散会影响波束形成的性能，尤其是在样本数据中含期望信号时。

2.2 波束形成基本原理和性能参数

2.2.1 基本原理

波束形成技术的基本思想是：通过对各阵元接收信号的加权求和，将天线阵

列波束导向到期望信号方向，这种导向作用通过调整加权系数来完成。图 2.4 为波束形成的原理图。

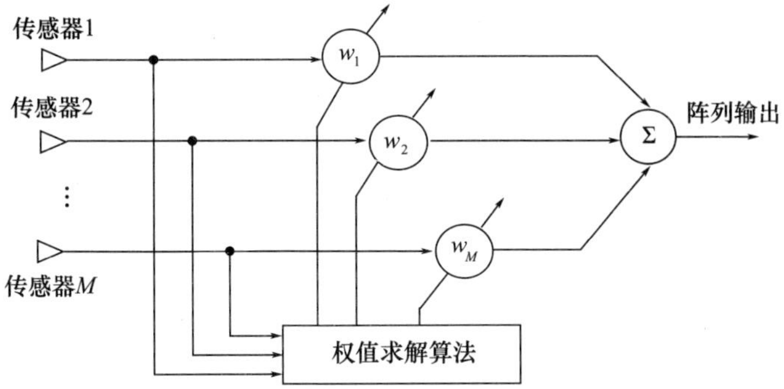

图 2.4　波束形成原理图

将阵列的加权矢量表示为

$$\boldsymbol{w} = [w_1, w_2, \cdots, w_M]^{\mathrm{T}} \tag{2.22}$$

对阵列接收的快拍数据进行加权求和，得到波束形成器的输出快拍数据为

$$\boldsymbol{y}(n) = \boldsymbol{w}^{\mathrm{H}}\boldsymbol{x}(n) = \sum_{m=1}^{M} w_m^* x_m(n) \tag{2.23}$$

波束形成器的设计问题其实就是设计加权矢量 $\boldsymbol{w}$，对于不同的加权矢量，对空间信号会产生不同的响应，从而形成不同的空间波束。

波束形成器主要有如下几个性能参数：波束形状（包括主瓣形状、主瓣宽度、旁瓣水平等）、阵增益和稳健性。下面几节将对这几个参数进行具体阐述。

2.2.2　波束图

为了方便表示，定义波束响应函数为

$$\boldsymbol{p}(\theta,\phi) = \boldsymbol{w}^{\mathrm{H}}\boldsymbol{a}(\theta,\phi) \tag{2.24}$$

它指的是波束形成器对某方向单位功率平面波信号的响应，用于参考波束形成器的空间响应特性，表示阵列对不同方位到达信号的复增益。可以看出，波束响应函数只与加权矢量和阵列流型矢量有关，而与该方向是否存在信号无关。

对于确定的加权矢量，画出波束响应能量相对于方位的函数，便得到波束形成器的指向性图，也称为波束图，即

$$F(\theta,\phi) = |\boldsymbol{p}(\theta,\phi)| = |\boldsymbol{w}^{\mathrm{H}}\boldsymbol{a}(\theta,\phi)| \tag{2.25}$$

波束图一般用对数表示，即 20lg(·)dB。

对于均匀线阵，设期望信号入射方向为 θ_0，采用常规的延时求和加权方式，令

$$w = a(\theta_0) = [1, e^{-j2\pi d\sin\theta_0/\lambda}, \cdots, e^{-j2\pi d(M-1)\sin\theta_0/\lambda}]^T \tag{2.26}$$

得到波束图为

$$F(\theta) = 20\lg|w^H a(\theta)| = 20\lg\left|\frac{\sin[M\pi d(\sin\theta - \sin\theta_0)/\lambda]}{\sin[\pi d(\sin\theta - \sin\theta_0)/\lambda]}\right| \tag{2.27}$$

例 2.1　波束图。

考虑一个阵元间距为半波长的 10 元均匀线阵，设期望信号入射方向为 0°，采用延时求和加权方式，得到的波束图如图 2.5 所示。

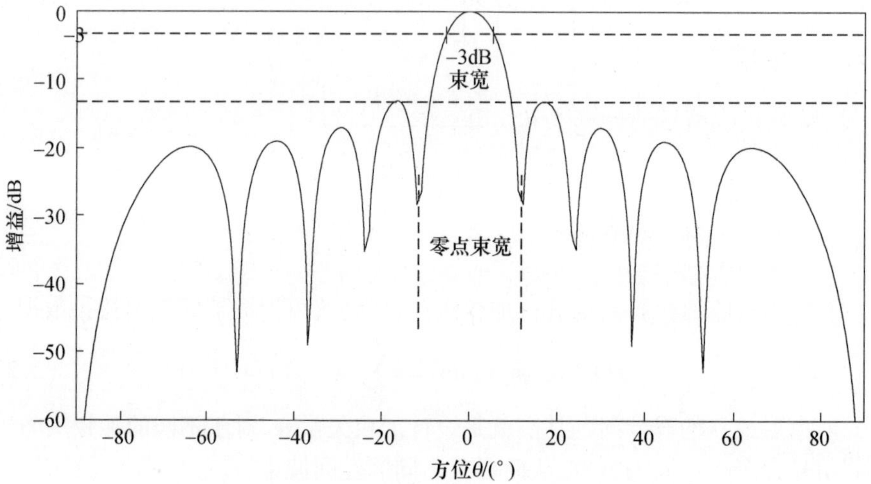

图 2.5　均匀线阵常规加权波束图

从图 2.5 中可以看出，波束主瓣指向了期望信号方向，即波束形成器对该方向信号响应最大。主峰值方向称为波束主轴方向，在主轴两边与主轴最近的两个零点之间的部分称为波束主瓣，非主瓣所在的波束部分称为波束旁瓣。用对数表示的最高旁瓣值与主峰值之差称为旁瓣级，采用常规加权时均匀线阵的旁瓣级约为 -13dB。主瓣两侧第一个零点之间的角度称为零点波束宽度，主瓣功率下降 -3dB 时两方向的角度称为半功率波束宽度，也称为 -3dB 波束宽度。

常规加权时均匀线阵的零点波束宽度和半功率波束宽度分别为

$$\begin{cases} BW_0 = 2\arcsin\left(\dfrac{\lambda}{Md} + \sin\theta_0\right) \\ BW_{0.5} \approx 0.886\dfrac{\lambda}{Md}\sec\theta_0(\text{rad}) \approx 50.8\dfrac{\lambda}{Md}\sec\theta_0(\text{o}) \end{cases} \tag{2.28}$$

波束除了在 θ_0 处取得最大值以外，在满足

$$\pi d(\sin\theta - \sin\theta_0)/\lambda = \pm k\pi \Leftrightarrow \sin\theta - \sin\theta_0 = \pm k\frac{\lambda}{d}, k=0,1,2,\cdots \tag{2.29}$$

时,也可以获得最大值,这样就会使接收方向图出现两个或两个以上的最大值,以至于无法确定期望信号的来向。波束图中这种与主瓣高度接近的旁瓣,称为栅瓣。为了不出现栅瓣,均匀线阵的阵元间距应满足以下条件:

$$\frac{d}{\lambda} \leqslant \frac{1}{1+\sin\theta_0} \tag{2.30}$$

一般而言,取 $d \leqslant \lambda/2$, 式(2.30)总是满足的。

2.2.3 阵增益

将阵列接收信号的数据协方差矩阵表示为

$$\boldsymbol{R}_x = \sigma_d^2 \boldsymbol{a}_d \boldsymbol{a}_d^{\mathrm{H}} + \sum_{p=1}^{P} \sigma_p^2 \boldsymbol{a}_p \boldsymbol{a}_p^{\mathrm{H}} + \sigma_n^2 \boldsymbol{\rho}_n = \boldsymbol{R}_d + \boldsymbol{R}_i + \boldsymbol{R}_n \tag{2.31}$$

式中:σ_d^2、$\boldsymbol{a}_d$ 分别表示期望信号的功率和导向矢量;$\boldsymbol{\rho}_n$ 为归一化噪声协方差矩阵;$\boldsymbol{R}_d$和 $\boldsymbol{R}_i$分别表示期望信号和干扰信号的输入协方差矩阵。

我们将干扰信号纳入到噪声成分进行分析,将协方差矩阵中等效的噪声部分表示为

$$\sigma_n^2 \boldsymbol{\rho}_{n'} = \boldsymbol{R}_{n'} = \boldsymbol{R}_i + \boldsymbol{R}_n = \sum_{p=1}^{P} \sigma_p^2 \boldsymbol{a}_p \boldsymbol{a}_p^{\mathrm{H}} + \sigma_n^2 \boldsymbol{\rho}_n \tag{2.32}$$

即

$$\boldsymbol{\rho}_{n'} = \sum_{p=1}^{P} \frac{\sigma_P^2}{\sigma_n^2} \boldsymbol{a}_p \boldsymbol{a}_p^{\mathrm{H}} + \boldsymbol{\rho}_n \tag{2.33}$$

阵列增益定义为波束形成器的输出信干噪比(SINR)与输入信噪比(SNR)之比①。输入 SNR 为输入信号功率与噪声功率之比,即

$$\mathrm{SNR_{in}} = \frac{\sigma_d^2}{\sigma_n^2} \tag{2.34}$$

而波束形成器的输出功率为

$$\begin{aligned} \sigma_y^2 &= \mathrm{E}[y(n)y^*(n)] = \mathrm{E}[\boldsymbol{w}^{\mathrm{H}} x(n) \boldsymbol{x}^{\mathrm{H}}(n)\boldsymbol{w}] = \boldsymbol{w}^{\mathrm{H}} \boldsymbol{R}_x \boldsymbol{w} \\ &= \sigma_d^2 \boldsymbol{w}^{\mathrm{H}} \boldsymbol{a}_d \boldsymbol{a}_d^{\mathrm{H}} \boldsymbol{w} + \sigma_n^2 \boldsymbol{w}^{\mathrm{H}} \boldsymbol{\rho}_{n'} \boldsymbol{w} = \sigma_{yd}^2 + \sigma_{yn'}^2 \end{aligned} \tag{2.35}$$

式中:σ_{yd}^2、$\sigma_{yn'}^2$ 分别表示波束输出的期望信号功率和等效的噪声功率。

波束输出 SINR 为

$$\mathrm{SINR_{out}} = \frac{\sigma_{yd}^2}{\sigma_{yn'}^2} = \frac{\sigma_d^2 \boldsymbol{w}^{\mathrm{H}} \boldsymbol{a}_d \boldsymbol{a}_d^{\mathrm{H}} \boldsymbol{w}}{\sigma_n^2 \boldsymbol{w}^{\mathrm{H}} \boldsymbol{\rho}_{n'} \boldsymbol{w}} = \frac{\sigma_d^2 \, |\boldsymbol{w}^{\mathrm{H}} \boldsymbol{a}_d|^2}{\sigma_n^2 \boldsymbol{w}^{\mathrm{H}} \boldsymbol{\rho}_{n'} \boldsymbol{w}} \tag{2.36}$$

---

① 本书均采用 SINR,SNR 代表对应输出信干噪比和输入信噪比。

因此,阵列增益为

$$G=\frac{\mathrm{SINR_{out}}}{\mathrm{SNR_{in}}}=\frac{|\boldsymbol{w}^{\mathrm{H}}\boldsymbol{a}_d|^2}{\boldsymbol{w}^{\mathrm{H}}\boldsymbol{\rho}_{n'}\boldsymbol{w}} \tag{2.37}$$

输入 SNR、输出 SINR 及阵增益一般采用对数表示,即 10lg(·) dB。从式(2.37)可以看出,如果波束形成的权矢量 $\boldsymbol{w}$ 乘以一个标量,阵增益仍保持不变,因此在波束设计过程中,一般对加权矢量进行归一化,让波束输出的期望信号功率等于输入期望信号功率。令

$$\sigma_{yd}^2=\sigma_d^2 \tag{2.38}$$

即

$$|\boldsymbol{w}^{\mathrm{H}}\boldsymbol{a}_d|=1 \tag{2.39}$$

在不存在干扰信号,且噪声为空间白噪声,即 $\boldsymbol{\rho}_{n'}=\boldsymbol{\rho}_n=\boldsymbol{I}$ 时,阵列增益为

$$G_w=\frac{|\boldsymbol{w}^{\mathrm{H}}\boldsymbol{a}_d|^2}{\boldsymbol{w}^{\mathrm{H}}\boldsymbol{w}}=\|\boldsymbol{w}\|^{-2} \tag{2.40}$$

这就是白噪声增益。由于

$$1=|\boldsymbol{w}^{\mathrm{H}}\boldsymbol{a}_d|\leqslant\|\boldsymbol{w}\|^2\ \|\boldsymbol{a}_d\|^2=M\ \|\boldsymbol{w}\|^2 \tag{2.41}$$

因此,可以得出

$$G_w=\|\boldsymbol{w}\|^{-2}\leqslant M \tag{2.42}$$

在常规的延时求和加权方式时, $\boldsymbol{w}_c=\boldsymbol{a}_d/M$, 此时, $G_{cw}=M$。因此,在不存在干扰信号且噪声为空间白噪声的情况下,试图使阵列增益最大,则一个常规的延时求和加权阵列是最优的。

但是,在存在干扰信号时,由于等效的噪声不是白噪声,常规的延时求和加权方式不能使阵列增益到达最优。自适应波束形成方式由于可以在干扰信号方向形成较深的零陷,因此输出的干扰功率很小,即 $\boldsymbol{w}^{\mathrm{H}}\boldsymbol{\rho}_{n'}\boldsymbol{w}\approx\boldsymbol{w}^{\mathrm{H}}\boldsymbol{\rho}_n\boldsymbol{w}$。这时,如果实际接收噪声为白噪声,有

$$G_{iw}\approx\frac{|\boldsymbol{w}^{\mathrm{H}}\boldsymbol{a}_d|^2}{\boldsymbol{w}^{\mathrm{H}}\boldsymbol{w}}=\|\boldsymbol{w}\|^{-2}=G_w \tag{2.43}$$

可见,在采用自适应波束形成方式时,存在干扰时的白噪声增益 G_{iw} 近似等于不存在干扰信号时的白噪声增益 G_w。

2.2.4 稳健性

对于实际阵列,阵元位置和权矢量都存在扰动,造成波束图畸变。假设名义上的第 m 个阵元位置为 $\boldsymbol{p}_m^n$, 对应阵列流型矢量为 $\boldsymbol{a}^n(\boldsymbol{\theta},\boldsymbol{\phi})$, 而实际阵元位置为

$$\boldsymbol{p}_m=\boldsymbol{p}_m^n+\Delta\boldsymbol{p}_m \tag{2.44}$$

其中

$$\Delta \boldsymbol{p}_m = [\Delta p_{xm}, \Delta p_{ym}, \Delta p_{zm}]^{\mathrm{T}}$$

设第 m 个阵元上的理想复数权值为 $w_m^n = g_m^n \exp(\mathrm{j}\phi_m^n)$，而实际权值的幅度和相位分别为

$$g_m = g_m^n + \Delta g_m \tag{2.45}$$

$$\phi_m = \phi_m^n + \Delta \phi_m \tag{2.46}$$

这样理想和实际的波束响应分别可以表示为

$$\boldsymbol{p}^n(\theta,\phi) = (\boldsymbol{w}^n)^{\mathrm{H}} \boldsymbol{a}^n(\theta,\phi) = \sum_{m=1}^{M} g_m^n \exp(\mathrm{j}\phi_m^n - \mathrm{j}\,\boldsymbol{k}^{\mathrm{T}} \boldsymbol{p}_m^n) \tag{2.47}$$

$$\boldsymbol{p}(\theta,\phi) = \boldsymbol{w}^{\mathrm{H}} \boldsymbol{a}(\theta,\phi) = \sum_{m=1}^{M} (g_m^n + \Delta g_m) \exp[\mathrm{j}(\phi_m^n + \Delta\phi_m) - \mathrm{j}\,\boldsymbol{k}^{\mathrm{T}}(\boldsymbol{p}_m^n + \Delta \boldsymbol{p}_m)] \tag{2.48}$$

假设 Δg_m、$\Delta\phi_m$ 以及 Δp_{xm}、Δp_{ym}、Δp_{zm} 都是统计独立、零均值的复高斯过程,其中前两者的方差分别为 σ_g^2、σ_φ^2，后三者的方差都为 σ_p^2，定义 $\sigma_\lambda^2 = 2\pi\sigma_p^2/\lambda$，则实际波束形成的均方值为

$$\begin{aligned}
&\mathrm{E}[\boldsymbol{p}^2(\theta,\phi)] \\
&= \mathrm{E}\Big[\sum_{m=1}^{M}\sum_{n=1}^{M} g_m g_n \exp(\mathrm{j}\phi_m - \mathrm{j}\,\boldsymbol{k}^{\mathrm{T}} \boldsymbol{p}_m) \exp(\mathrm{j}\phi_n - \mathrm{j}\,\boldsymbol{k}^{\mathrm{T}} \boldsymbol{p}_n)\Big] \\
&= [\boldsymbol{p}^n(\theta,\phi)] 2\exp(-\sigma_\varphi^2 - \sigma_\lambda^2) + \sum_{m=1}^{M} (g_m^n)^2 [(1+\sigma_g^2) - \exp(-\sigma_\varphi^2 - \sigma_\lambda^2)]
\end{aligned} \tag{2.49}$$

从式(2.49)可以看出,存在的随机误差导致了两种影响,第一项是理想波束响应幅度的平方乘以一个衰减因子,其影响是使各方位波束响应有一个均匀的衰减,使主轴方向的响应小于 0dB,这并不影响阵列增益,对波束性能影响较大的是第二项,它均匀提高了旁瓣区域的期望值。定义灵敏度函数为

$$T_{se} = \sum_{m=1}^{M} (g_m^n)^2 = \sum_{n=1}^{M} |w_m^n|^2 = \|\boldsymbol{w}\|^2 = G_w^{-1} \tag{2.50}$$

则第二项可写为

$$T_{se}[(1+\sigma_g^2) - \exp(-\sigma_\varphi^2 - \sigma_\lambda^2)] \tag{2.51}$$

当上述各种误差方差较小时,式(2.51)可以简化为[118-119]

$$T_{se}(\sigma_g^2 + \sigma_\varphi^2 + \sigma_\lambda^2) \tag{2.52}$$

可见,第二项为误差方差之和与灵敏度的乘积。由于灵敏度等于加权矢量范数的平方,也等于白噪声增益的逆,所以权矢量范数越小,白噪声增益越大,波束形成对扰动误差的敏感度越小,稳健性越高。对于一个 M 元阵列,最大白噪

声增益为 M,在常规的延时求和加权时获得,所以常规加权的阵列对扰动误差的敏感性最低,稳健性最高。

为了保证波束形成器具有一定的稳健性,我们经常施加一个敏感度约束,即

$$T_{se} = \|\boldsymbol{w}\|^2 \leqslant T_0 \tag{2.53}$$

式中:T_0为用户设定值。

式(2.53)的约束条件等效成白噪声增益约束为

$$G_w = (\|\boldsymbol{w}\|^2)^{-1} \geqslant T_0^{-1} \tag{2.54}$$

可见,白噪声增益也是表征波束形成器稳健性的参数。这可做如下解释:由于扰动误差在各阵元间几乎是互不相关的,它们对波束形成器的影响与空间白噪声对波束形成的性能相似。因此,阵列的白噪声增益大小可以检验波束形成的稳健性。

2.3 常见的波束形成器

2.3.1 常规波束形成器

前面已经提过延时求和波束形成方法,也称为常规的波束形成方法。假设观察的方向矢量为 $\boldsymbol{a}_s$,其权矢量可以表示为

$$\boldsymbol{w}_c = \boldsymbol{a}_s/M \tag{2.55}$$

对应波束图函数为

$$F_c(\theta,\phi) = |\boldsymbol{w}_c^{\mathrm{H}}\boldsymbol{a}(\theta,\phi)| = \left|\frac{\boldsymbol{a}_s^{\mathrm{H}}\boldsymbol{a}(\theta,\phi)}{M}\right| \tag{2.56}$$

阵列增益为

$$G_c = \frac{|\boldsymbol{w}^{\mathrm{H}}\boldsymbol{a}_d|^2}{\boldsymbol{w}^{\mathrm{H}}\boldsymbol{\rho}_{n'}\boldsymbol{w}} = \frac{|\boldsymbol{a}_s^{\mathrm{H}}\boldsymbol{a}_d/M|^2}{\boldsymbol{a}_s^{\mathrm{H}}\boldsymbol{\rho}_{n'}\boldsymbol{a}_s/M^2} = \frac{F_c^2(\theta_d,\phi_d)}{\boldsymbol{a}_s^{\mathrm{H}}\boldsymbol{\rho}_{n'}\boldsymbol{a}_s/M^2} \tag{2.57}$$

当观察的方向矢量等于期望信号的真实方向矢量,即 $\boldsymbol{a}_s = \boldsymbol{a}_d$ 时,阵列增益为

$$G_{c0} = \frac{|\boldsymbol{w}^{\mathrm{H}}\boldsymbol{a}_s|^2}{\boldsymbol{w}^{\mathrm{H}}\boldsymbol{\rho}_{n'}\boldsymbol{w}} = \frac{1}{\boldsymbol{a}_s^{\mathrm{H}}\boldsymbol{\rho}_{n'}\boldsymbol{a}_s/M^2} \tag{2.58}$$

因此,实际阵增益和理想阵增益之比为

$$\frac{G_c}{G_{c0}} = F_c^2(\theta_d,\phi_d) \tag{2.59}$$

将阵列增益和波束图都表示为对数形式,则

$$G_c - G_{c0} = F_c(\theta_d,\phi_d) \tag{2.60}$$

从式(2.60)可以看出，观察的方向矢量不等于真实方向矢量时，即存在导向矢量误差时，阵增益损失即为波束图中真实方向相对于主轴方向的阵增益损失。因此，只要观察信号方向与实际信号方向相差不是很大(在半功率宽度以内)，阵增益损失比较小。

考虑不存在干扰信号且噪声为空间白噪声的情况，可以得出 $\boldsymbol{a}_s = \boldsymbol{a}_d$ 时的阵增益为

$$G_{cw0} = \frac{|\boldsymbol{w}^{\mathrm{H}}\boldsymbol{a}_{\mathrm{s}}|^2}{\boldsymbol{w}^{\mathrm{H}}\boldsymbol{w}} = \|\boldsymbol{w}\|^{-2} = M \tag{2.61}$$

从式(2.61)也可以看出，常规波束形成具有最高的白噪声增益和最小的加权矢量范数，因此，具有最高的稳健性。

常规的波束形成方法只对权值相位进行控制，实现简单，在无干扰的白噪声背景下是最优的。但是，实际接收信号中通常存在各种干扰，当干扰信号从副瓣进入时，对干扰的抑制能力很差，阵增益很低。对常规波束形成方法进行加窗处理可以改善旁瓣性能，但仍不能有效抑制干扰。

2.3.2 MVDR 波束形成器

从波束图来看，我们不仅希望主瓣对准期望信号方向，还希望干扰方向处于波束图的零点位置，从而有效地抑制干扰。由于干扰方向通常是未知的，所以要求阵列波束图能自动地满足上述要求，具有这种能力的波束形成器称为自适应波束形成器。

自适应波束形成算法的推导，首先要选定一种优化准则，在此基础上找到一个加权矢量作用于系统，达到预定的最佳性能。常用的优化准则包括最小均方误差(MMSE)准则、最大信噪比(Max SNR)准则和最小方差(MV)准则。其中MMSE 准则不需要知道 DOA 的知识，但需要产生参考信号；后两种准则没有本质的区别，都需要已知期望信号的 DOA，而不需要产生参考信号。我们主要研究基于 DOA 的波束形成技术，其中最常用的是最小方差无畸变响应(Minimum Variance Distortionless Response，MVDR)波束形成器，也称为 Capon 波束形成器。其设计原理是在让感兴趣的信号无失真输出的同时，使输出的噪声(包括干扰)方差最小。MVDR 算法的优化模型可以表述为

$$\min_{\boldsymbol{w}} \boldsymbol{w}^{\mathrm{H}}\boldsymbol{R}_{n'}\boldsymbol{w}, \quad \text{s.t.}\ \boldsymbol{w}^{\mathrm{H}}\boldsymbol{a}_s = 1 \tag{2.62}$$

采用 Lagrange 算子，定义函数为

$$L(\boldsymbol{w},\lambda) = \boldsymbol{w}^{\mathrm{H}}\boldsymbol{R}_{n'}\boldsymbol{w} - \mu(\boldsymbol{a}_s^{\mathrm{H}}\boldsymbol{w} - 1) - \mu^*(\boldsymbol{w}^{\mathrm{H}}\boldsymbol{a}_s - 1) \tag{2.63}$$

对 $\boldsymbol{w}$ 求导，并令该导数为 0，可得

$$\boldsymbol{w}^{\mathrm{H}} = \mu\boldsymbol{a}_s^{\mathrm{H}}\boldsymbol{R}_{n'}^{-1} \tag{2.64}$$

将式(2.64)代入到约束条件 $\boldsymbol{w}^{\mathrm{H}}\boldsymbol{a}_s = 1$ 中可以推出

$$\mu = \frac{1}{\boldsymbol{a}_s^{\mathrm{H}}\boldsymbol{R}_{n'}^{-1}\boldsymbol{a}_s} \tag{2.65}$$

将式(2.65)代入到式(2.64)中,可以得到 MVDR 算法的自适应权为

$$\boldsymbol{w}_{\mathrm{MVDR}} = \frac{\boldsymbol{R}_{n'}^{-1}\boldsymbol{a}_s}{\boldsymbol{a}_s^{\mathrm{H}}\boldsymbol{R}_{n'}^{-1}\boldsymbol{a}_s} \tag{2.66}$$

可以看出,设计 MVDR 波束形成器需要预先知道干扰和噪声的协方差矩阵。在某些情况下,接收数据中不含期望信号, $\boldsymbol{R}_{n'}$ 是可以估计的,如雷达和主动声纳未发射信号的间隙。但大部分应用中,接收数据中往往含有期望信号,此时,无法估计 $\boldsymbol{R}_{n'}$,往往直接用接收数据的协方差矩阵 $\boldsymbol{R}_x$ 代替 $\boldsymbol{R}_{n'}$,这时,优化模型变为

$$\min_{\boldsymbol{w}} \boldsymbol{w}^{\mathrm{H}}\boldsymbol{R}_x\boldsymbol{w}, \quad \text{s. t. } \boldsymbol{w}^{\mathrm{H}}\boldsymbol{a}_s = 1 \tag{2.67}$$

最优权矢量变为

$$\boldsymbol{w}_{\mathrm{MVDR}} = \frac{\boldsymbol{R}_x^{-1}\boldsymbol{a}_s}{\boldsymbol{a}_s^{\mathrm{H}}\boldsymbol{R}_x^{-1}\boldsymbol{a}_s} \tag{2.68}$$

将式(2.68)代入到式(2.37)中,可以得出 MVDR 波束形成器的阵增益为

$$G_{\mathrm{MVDR}} = \frac{|\boldsymbol{a}_s^{\mathrm{H}}\boldsymbol{R}_x^{-1}\boldsymbol{a}_d|^2}{\boldsymbol{a}_s^{\mathrm{H}}\boldsymbol{R}_x^{-1}\boldsymbol{\rho}_{n'}\boldsymbol{R}_x^{-1}\boldsymbol{a}_s} \tag{2.69}$$

理论上,由于 MVDR 波束形成器可以自适应地在干扰方向形成很深的零陷,输出的干扰功率很小,即 $\boldsymbol{w}^{\mathrm{H}}\boldsymbol{\rho}_{n'}\boldsymbol{w} \approx \boldsymbol{w}^{\mathrm{H}}\boldsymbol{\rho}_n\boldsymbol{w}$,因此有

$$G_{\mathrm{MVDR}} \approx \frac{|\boldsymbol{a}_s^{\mathrm{H}}\boldsymbol{R}_x^{-1}\boldsymbol{a}_d|^2}{\boldsymbol{a}_s^{\mathrm{H}}\boldsymbol{R}_x^{-1}\boldsymbol{\rho}_n\boldsymbol{R}_x^{-1}\boldsymbol{a}_s} \tag{2.70}$$

当观察的方向矢量等于期望信号真实方向矢量,即 $\boldsymbol{a}_s = \boldsymbol{a}_d$ 时,可以得出[125]

$$G_{\mathrm{MVDR}} \approx \boldsymbol{a}_d^{\mathrm{H}}\boldsymbol{\rho}_n^{-1}\boldsymbol{a}_d \tag{2.71}$$

这时,如果噪声为白噪声,则有

$$G_{\mathrm{MVDR}} = \boldsymbol{a}_d^{\mathrm{H}}\boldsymbol{a}_d = M \tag{2.72}$$

可以看出,理论上,存在干扰信号时 MVDR 算法在白噪声背景下的阵增益也可以很接近最优值 M,这一点是常规波束形成无法达到的。

例 2.2　MVDR 波束形成器与常规波束形成器比较。

假设一个期望信号和两个干扰信号入射到一间距为半波长的 10 元均匀线阵,阵列接收噪声为高斯白噪声,期望信号入射方向为 0°。两个干扰信号的入射方向分别为 40°、-30°,干扰噪声比(INR)分别为 20dB、30dB。

图 2.6(a)中画出了两种波束形成器在 SNR = 10dB 时的波束图,图 2.6(b)

为其输出 SINR 随输入 SNR 变化曲线。从图中可以看出，两种波束形成器都在期望信号方向形成了主瓣，波束输出的期望信号功率相等；常规波束形成器在干扰处的响应即为该方位的旁瓣衰减量，如果干扰落在了较高的旁瓣位置，则波束输出干扰功率会很大，而 MVDR 波束形成器在干扰处形成了较深的零陷，大大抑制了干扰功率，并且输入干扰功率越大，零陷越深；两者的旁瓣水平差别不大，也就是两者输出的噪声功率差别不大。因此，MVDR 波束形成器的输出 SINR 大大高于常规波束形成器，这正是其优点所在。

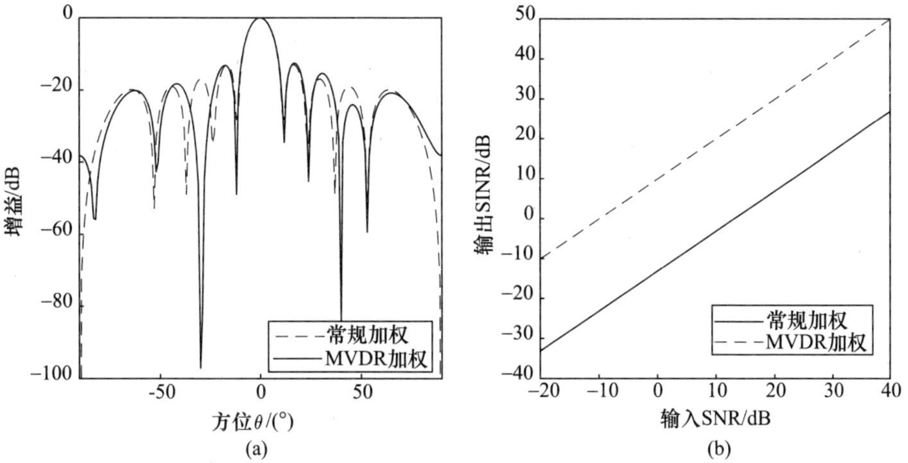

图 2.6 MVDR 波束形成器与常规波束形成器的性能比较

(a)波束图；(b)输出 SINR 随输入 SNR 变化曲线。

2.3.3 采样矩阵求逆算法

实际中，真实的数据协方差矩阵 $\boldsymbol{R}_x$ 是未知的，通常采用一段快拍数据估计得到，即

$$\hat{\boldsymbol{R}}_x = \frac{1}{K}\sum_{n=1}^{K}\left[\boldsymbol{x}(n)\boldsymbol{x}^{\mathrm{H}}(n)\right] \tag{2.73}$$

这样得到的数据协方差矩阵 $\hat{\boldsymbol{R}}_x$ 称为采样协方差矩阵或样本协方差矩阵，用 $\hat{\boldsymbol{R}}_x$ 代替 $\boldsymbol{R}_x$ 求解权矢量的方法称为采样矩阵求逆（SMI）法，其权矢量可以表示为

$$\boldsymbol{w}_{\mathrm{SMI}} = \mu\hat{\boldsymbol{R}}_x^{-1}\boldsymbol{a}_s \tag{2.74}$$

式中：μ 为一个标量，并不影响波束形成的增益，因此，可以取任意比例常数，在 MVDR 优化模型下有 $\mu = (\boldsymbol{a}_s^{\mathrm{H}}\hat{\boldsymbol{R}}_x^{-1}\boldsymbol{a}_s)^{-1}$，这仅仅是为了满足 $\boldsymbol{w}^{\mathrm{H}}\boldsymbol{a}_s = 1$ 的无失真

约束条件。

为了保证 $\hat{\boldsymbol{R}}_x$ 可逆，快拍数需满足 $K \geqslant M$。当 $K \to \infty$ 时，$\hat{\boldsymbol{R}}_x$ 逼近于真实协方差矩阵 $\boldsymbol{R}_x$，但实际中样本数目是有限的，用 $\hat{\boldsymbol{R}}_x$ 代替 $\boldsymbol{R}_x$ 会产生一定的误差，这会影响波束形成器的性能，我将在 2.4.3 节中具体讨论。

SMI 算法的主要计算量来自于对样本协方差矩阵的求逆运算，其计算复杂度为 $O(M^3)$，并且它是一种块处理算法，每次积累 K 个快拍后才能进行，每个快拍数据对 $\boldsymbol{R}_x$ 的统计值有相同的贡献，这在时变的环境中，会造成新信息的损失，并且不利于实时实现。

2.3.4 递推最小二乘算法

递推最小二乘法(RLS)可以在每次快拍时实时更新自适应权[101]，其数据协方差矩阵的估计采用的是指数加权谱矩阵估计方式，即

$$\boldsymbol{R}_x(k) = \sum_{n=1}^{k} u^{k-n} \boldsymbol{x}^{\mathrm{H}}(n)\boldsymbol{x}(n) \tag{2.75}$$

式中：u 为指数加权因子，取小于 1 的正数，它使得距离当前采样时间 k 越远，过去样本数据的重要性越低，因此也被称为遗忘因子。

用 $\boldsymbol{R}_x(k-1)$ 表示 $\boldsymbol{R}_x(k)$，有

$$\boldsymbol{R}_x(k) = u\boldsymbol{R}_x(k-1) + \boldsymbol{x}^{\mathrm{H}}(k)\boldsymbol{x}(k) \tag{2.76}$$

利用矩阵求逆引理对式(2.76)左右两边求逆可得

$$\boldsymbol{R}_x^{-1}(k) = u^{-1}\boldsymbol{R}_x^{-1}(k-1) + u^{-1}\boldsymbol{g}(k)\,\boldsymbol{x}^{\mathrm{H}}(k)\boldsymbol{R}_x^{-1}(k-1) \tag{2.77}$$

其中

$$\boldsymbol{g}(k) = \frac{u^{-1}\boldsymbol{R}_x^{-1}(k-1)\boldsymbol{x}(k)}{1 + u^{-1}\,\boldsymbol{x}^{\mathrm{H}}(k)\boldsymbol{R}_x^{-1}(k-1)\boldsymbol{x}(k)} \tag{2.78}$$

将 MVDR 算法在第 k 次快拍时的最优权可以表示为

$$\boldsymbol{w}(k) = \mu(k)\boldsymbol{R}_x^{-1}(k)\boldsymbol{a}_s \tag{2.79}$$

其中 $\mu(k) = [\boldsymbol{a}_s^{\mathrm{H}}\boldsymbol{R}_x^{-1}(k)\boldsymbol{a}_s]^{-1}$。因此得到 RLS 算法的自适应权更新公式为

$$\begin{aligned}\boldsymbol{w}(k) &= \frac{\mu(k)}{\mu(k-1)}[u^{-1}\boldsymbol{R}_x^{-1}(k-1) + u^{-1}\boldsymbol{g}(k)\,\boldsymbol{x}^{\mathrm{H}}(k)\boldsymbol{R}_x^{-1}(k-1)]\boldsymbol{a}_s \\ &= \frac{\mu(k)}{u\mu(k-1)}[\boldsymbol{I} - \boldsymbol{g}(k)\,\boldsymbol{x}^{\mathrm{H}}(k)]\boldsymbol{w}(k-1)\end{aligned} \tag{2.80}$$

RLS 算法将 MVDR 波束形成器的计算复杂度由 $O(M^3)$ 降为 $O(M^2)$，并且具有较快的收敛速度。

2.3.5 最小均方算法

最小均方(LMS)算法也是一种递推的波束形成方法,它计算简单,计算量级仅为 $O(M)$,从而得到了广泛的应用,其权矢量更新方式为

$$\boldsymbol{w}(k+1) = \boldsymbol{w}(k) + u\boldsymbol{x}(k)[\boldsymbol{d}^*(k) - \boldsymbol{x}^{\mathrm{H}}(k)\boldsymbol{w}(k)] = \boldsymbol{w}(k) - u\boldsymbol{x}(k)\boldsymbol{e}^*(k) \tag{2.81}$$

式中:u 为步长因子,它决定了算法的收敛速度;$\boldsymbol{e}(k)$ 定义为期望输出与实际输出之间的误差,即 $\boldsymbol{e}(k) = \boldsymbol{d}(k) - \boldsymbol{w}^{\mathrm{H}}(k)\boldsymbol{x}(k)$。

步长因子的选取对算法的收敛速度有很大的影响,步长太小,收敛速度慢;步长太大,会产生很大的噪声,甚至使系统发散。因此,LMS 算法的收敛速度受到了很大的限制。

目前的 LMS 算法主要分为无约束算法和有约束算法两类,在存在参考信号而不知道期望信号方向时,采用无约束 LMS 算法。在仅知道期望信号方向时可以采用有约束 LMS 算法。LMS 算法计算简单,但收敛速度较慢,并且对数据协方差矩阵的特征值散布很敏感。当特征值散布较大时,算法的收敛速度很慢,不适用于需要实时响应的场合。RLS 算法实现了收敛速度和计算复杂度的折中,一般在高信噪比条件下,RLS 算法比 LMS 的收敛速度快一个数量级。

2.4 高动态波束形成的影响因素

2.4.1 高动态特性分析

高动态飞行器通信的收发终端之间存在径向相对运动,会产生接收端收到的信号频率相对于发送端发生变化的现象,这种现象称为多普勒效应。由这种现象产生的这个附加频率变化量(频移)称为多普勒频移。多普勒频移始终存在于地面信号源和高动态飞行器的接收设备之间。

设信号源与测向设备之间的径向相对速率为 v_d,则接收信号的产生的多普勒频移可以表示为

$$\Delta f = \frac{v_d \times f_0}{c} \tag{2.82}$$

式中:f_0 为信号频率;c 为光速。可以看出,信号频率越高或径向速度越快,多普勒频移就越大。实际中,飞行器的飞行通常不是匀速的,信号源与飞行器的测向设备间还存在径向加速度,加速度越大,多普勒频率的变化率也越大。设径向加

速度为 α，则接收信号载频的最大多普勒频率变化率为

$$\Delta f' = \frac{\alpha \times f_0}{c} \tag{2.83}$$

因此，在高动态环境中，多普勒频移会在一个范围内不断变化。多普勒频移直接造成了波长的失配。设载频 f_0 对应的波长为 λ_0，由于存在 Δf 的多普勒频移，实际接收信号频率为 $f = f_0 + \Delta f$，设对应的波长为 λ，则实际阵列流型矢量为

$$\boldsymbol{a}_d(\theta) = [1, \mathrm{e}^{-\mathrm{j}\frac{2\pi d}{\lambda}\sin\theta}, \cdots, \mathrm{e}^{-\mathrm{j}\frac{2\pi d}{\lambda}(M-1)\sin\theta}]^{\mathrm{T}} \tag{2.84}$$

我们认为的阵列流型为不存在多普勒频移时的情况，即

$$\begin{aligned}\boldsymbol{a}_s(\theta) &= [1, \mathrm{e}^{-\mathrm{j}\frac{2\pi d}{\lambda_0}\sin\theta}, \cdots, \mathrm{e}^{-\mathrm{j}\frac{2\pi d}{\lambda_0}(M-1)\sin\theta}]^{\mathrm{T}} = [1, e^{-\mathrm{j}\frac{2\pi d f_0}{\lambda f}\sin\theta}, \cdots, e^{-\mathrm{j}\frac{2\pi d f_0}{\lambda f}(M-1)\sin\theta}]^{\mathrm{T}} \\ &= [1, \mathrm{e}^{-\mathrm{j}\frac{2\pi d}{\lambda}\sin\theta'}, \cdots, \mathrm{e}^{-\mathrm{j}\frac{2\pi d}{\lambda}(M-1)\sin\theta'}]^{\mathrm{T}}\end{aligned} \tag{2.85}$$

其中 $\sin\theta' = (f_0/f)\sin\theta$。可以看出

$$\boldsymbol{a}_s(\theta) = \boldsymbol{a}_d(\theta') \tag{2.86}$$

设期望信号方向为 θ_d，其对应的真实导向矢量为 $\boldsymbol{a}_d = \boldsymbol{a}_d(\theta_d)$，而预设导向矢量为 $\boldsymbol{a}_s = \boldsymbol{a}_s(\theta_d) = \boldsymbol{a}_d(\theta'_d)$。显然，预设导向矢量不等于真实导向矢量，可见，多普勒频移造成了导向矢量失配，而这种失配可以等效为是由 DOA 失配引起的，即实际 DOA 为 θ_d，而我们认为的 DOA 为 $\theta'_d = \arcsin[(f_0/f)\sin\theta_d]$。预设 DOA 与实际 DOA 之间的误差也称为指向误差。可以看出，在 $\theta_d = 0°$ 时，$\theta'_d = 0°$。此时，多普勒频移不会引起导向矢量失配，随着期望信号入射角逐渐偏离阵列法线方向，在多普勒频移一定的情况下，等效的指向误差逐渐变大。

例 2.3　多普勒频移对波束形成性能的影响。

观察不同期望信号入射方向时多普勒频移对阵增益的影响如图 2.7 所示，期望信号方向分别设为 10°、30°、70°，其他条件同例 2.2。从图中可以看出，归一化的多普勒频移 $\Delta f/f_0$ 越大，阵列增益损失越大，在多普勒频移一定的情况下，期望信号入射方向离阵列法线方向越远，其引起的导向矢量误差越大，阵增益损失越大。又由于 $\Delta f/f_0 = v_d/c$，因此图 2.7 中曲线也可以看成是阵增益损失随飞行器径向速度变化的曲线。也就是说，飞行器径向速度越大，阵增益的损失也越大。图 2.8 为存在多普勒频移时的波束图，从图中可以看出，多普勒频移会使波束的主轴方向偏离期望信号方向。实际上，由于飞行器运行速度相对于光速比较小，一般不会超过 10^{-4}，这时，多普勒频移引起的波长失配对波束形成的影响也很小，这一点从图 2.8 的波束图中也可以看出。

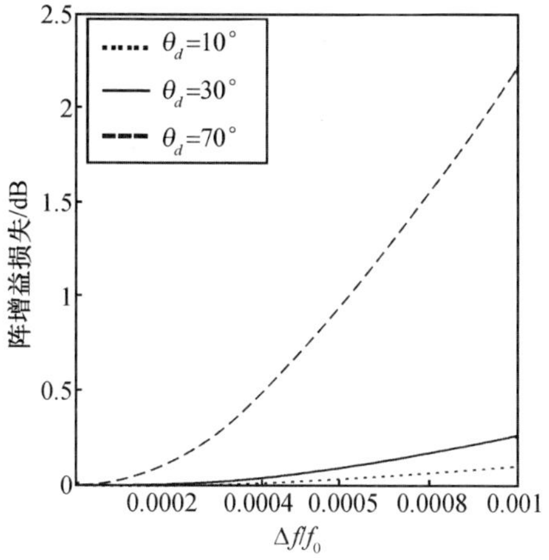

图 2.7 θ_d 不同时阵增益损失随 $\Delta f/f_0$ 变化曲线

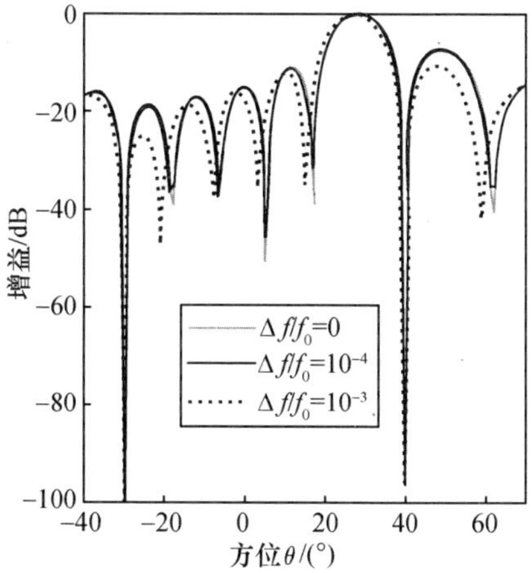

图 2.8 多普勒频移对波束图的影响

另外,由于天线一直处于运动状态,接收的期望信号和干扰信号的来向都是不断变化的。对于期望信号而言,由于主瓣一般都比较宽,来向的变化对其影响相对较小,而对于干扰信号,由于 MVDR 波束形成器在干扰方向形成的零陷很窄,且非常陡峭,当天线平台快速运动造成干扰入射方向变化较快时,很可能使干扰方向移出天线方向图的零陷位置,从而使常规的自适应零陷算法失效。

2.4.2 导向矢量误差对波束形成的影响

多普勒频移造成波长失配的同时,由于影响了测向精度,也是造成 DOA 失配的原因之一。DOA 失配和波长失配都会引起导向矢量误差。下面分析导向矢量误差对波束形成性能的影响。

设实际信号方向为 θ_d，其对应的导向矢量为 $\boldsymbol{a}_d = \boldsymbol{a}(\theta_d)$，观察的信号方向 θ_s，其对应的导向矢量为 $\boldsymbol{a}_s = \boldsymbol{a}(\theta_s)$，则接收数据协方差矩阵为

$$\boldsymbol{R}_x = \sigma_d^2 \boldsymbol{a}_d \boldsymbol{a}_d^{\mathrm{H}} + \sigma_n^2 \boldsymbol{\rho}_{n'} \tag{2.87}$$

MVDR 波束形成器的阵列增益为

$$G_{\mathrm{MVDR}} = \frac{|\boldsymbol{a}_s^{\mathrm{H}} \boldsymbol{R}_x^{-1} \boldsymbol{a}_d|^2}{\boldsymbol{a}_s^{\mathrm{H}} \boldsymbol{R}_x^{-1} \boldsymbol{\rho}_{n'} \boldsymbol{R}_x^{-1} \boldsymbol{a}_s} \tag{2.88}$$

利用矩阵求逆引理对 $\boldsymbol{R}_x$ 求逆可得

$$\boldsymbol{R}_x^{-1} = \sigma_n^{-2} \boldsymbol{\rho}_{n'}^{-1} \{\boldsymbol{I} - \boldsymbol{a}_d \boldsymbol{a}_d^{\mathrm{H}} \boldsymbol{\rho}_{n'}^{-1} (\sigma_d^2/\sigma_n^2) [1 + (\sigma_d^2/\sigma_n^2) \boldsymbol{a}_d^{\mathrm{H}} \boldsymbol{\rho}_{n'}^{-1} \boldsymbol{a}_d]^{-1}\} \tag{2.89}$$

令 $\chi = (\sigma_d^2/\sigma_n^2) \boldsymbol{a}_d^{\mathrm{H}} \boldsymbol{\rho}_{n'}^{-1} \boldsymbol{a}_d$，可得

$$|\boldsymbol{a}_s^{\mathrm{H}} \boldsymbol{R}_x^{-1} \boldsymbol{a}_d|^2 = \sigma_n^{-4} (1+\chi)^{-2} |\boldsymbol{a}_s^{\mathrm{H}} \boldsymbol{\rho}_{n'}^{-1} \boldsymbol{a}_d|^2 \tag{2.90}$$

$$\boldsymbol{a}_s^{\mathrm{H}} \boldsymbol{R}_x^{-1} \boldsymbol{\rho}_{n'} \boldsymbol{R}_x^{-1} \boldsymbol{a}_s = \sigma_n^{-4} \boldsymbol{a}_s^{\mathrm{H}} \boldsymbol{\rho}_{n'}^{-1} [\boldsymbol{I} - \boldsymbol{a}_d \boldsymbol{a}_d^{\mathrm{H}} \boldsymbol{\rho}_{n'}^{-1} (\sigma_d^2/\sigma_n^2)(1+\chi)^{-1}]^2 \boldsymbol{a}_s \tag{2.91}$$

定义

$$\cos^2(\boldsymbol{a}_s, \boldsymbol{a}_d, \boldsymbol{\rho}_{n'}^{-1}) = \frac{|\boldsymbol{a}_s^{\mathrm{H}} \boldsymbol{\rho}_{n'}^{-1} \boldsymbol{a}_d|^2}{(\boldsymbol{a}_s^{\mathrm{H}} \boldsymbol{\rho}_{n'}^{-1} \boldsymbol{a}_s)(\boldsymbol{a}_d^{\mathrm{H}} \boldsymbol{\rho}_{n'}^{-1} \boldsymbol{a}_d)} \tag{2.92}$$

$$\sin^2(\boldsymbol{a}_s, \boldsymbol{a}_d, \boldsymbol{\rho}_{n'}^{-1}) = 1 - \cos^2(\boldsymbol{a}_s, \boldsymbol{a}_d, \boldsymbol{\rho}_{n'}^{-1}) \tag{2.93}$$

可以得到 MVDR 波束形成的阵列增益为[125]

$$G_{\mathrm{MVDR}} = \frac{\boldsymbol{a}_d^{\mathrm{H}} \boldsymbol{\rho}_{n'}^{-1} \boldsymbol{a}_d \cos^2(\boldsymbol{a}_s, \boldsymbol{a}_d, \boldsymbol{\rho}_{n'}^{-1})}{1 + (2\chi + \chi^2) \sin^2(\boldsymbol{a}_s, \boldsymbol{a}_d, \boldsymbol{\rho}_{n'}^{-1})} \tag{2.94}$$

余弦值 $\cos^2(\boldsymbol{a}_s, \boldsymbol{a}_d, \boldsymbol{\rho}_{n'}^{-1})$ 表征了预设导向矢量 $\boldsymbol{a}_s$ 和实际导向矢量 $\boldsymbol{a}_d$ 的匹配程度。当不存在导向矢量误差时，$\boldsymbol{a}_s = \boldsymbol{a}_d$，$\cos^2(\boldsymbol{a}_s, \boldsymbol{a}_d, \boldsymbol{\rho}_{n'}^{-1}) = 1$，$\sin^2(\boldsymbol{a}_s, \boldsymbol{a}_d, \boldsymbol{\rho}_{n'}^{-1}) = 0$，阵列增益 $G_{\mathrm{opt}} = G_{\mathrm{MVDR}}|_{\boldsymbol{a}_s = \boldsymbol{a}_d} = \boldsymbol{a}_d^{\mathrm{H}} \boldsymbol{\rho}_{n'}^{-1} \boldsymbol{a}_d$ 为最优值，并且只与信号入射方向有关，而与输入 SNR 无关。此时，如果噪声为白噪声，则有 $G_{\mathrm{opt}} = \boldsymbol{a}_d^{\mathrm{H}} \boldsymbol{a}_d = M$，由此可见最优阵列增益只取决于阵元数；当 $\boldsymbol{a}_s \neq \boldsymbol{a}_d$ 时，$\boldsymbol{a}_s$ 与 $\boldsymbol{a}_d$ 之间的误差越大，$\cos^2(\boldsymbol{a}_s, \boldsymbol{a}_d, \boldsymbol{\rho}_{n'}^{-1})$ 越小，$\sin^2(\boldsymbol{a}_s, \boldsymbol{a}_d, \boldsymbol{\rho}_{n'}^{-1})$ 越大，MVDR 算法的阵增益损失越大；在导向矢量误差一定的情况下，输入信噪比 σ_d^2/σ_n^2 越大，χ 值越大，阵增益损失越大。

为了考察存在导矢量误差时的阵增益损失情况，定义归一化阵增益为

$$\eta = \frac{G_{\mathrm{MVDR}}|_{\boldsymbol{a}_s \neq \boldsymbol{a}_d}}{G_{\mathrm{MVDR}}|_{\boldsymbol{a}_s = \boldsymbol{a}_d}} = \frac{\cos^2(\boldsymbol{a}_s, \boldsymbol{a}_d, \boldsymbol{\rho}_{n'}^{-1})}{1 + (2\chi + \chi^2) \sin^2(\boldsymbol{a}_s, \boldsymbol{a}_d, \boldsymbol{\rho}_{n'}^{-1})} \tag{2.95}$$

除了 DOA 失配和波长失配以外,实际系统中还存在接收通道的幅相不一致性、阵元位置误差以及阵元各向异性与不一致性造成的响应灵敏度误差等,这些都会引起导向矢量误差。下面主要通过仿真分析 DOA 失配造成的导向矢量误差对波束形成性能的影响。

例 2.4　DOA 失配对波束形成性能的影响。

仿真条件同例 2.2,观察不同输入 SNR 时归一化参数 η 随指向误差变化曲线如图 2.9 所示。从图中可以看出,随着指向误差的增大,MVDR 波束形成器的阵增益损失逐渐增大,其中在 12°左右的零陷是由于此时期望信号正好落在了预设波束的主瓣边缘。随着输入 SNR 的增大,波束形成对指向误差的敏感性增加,在较大输入 SNR 时,即使很小的指向误差也会导致阵列增益的急剧下降。

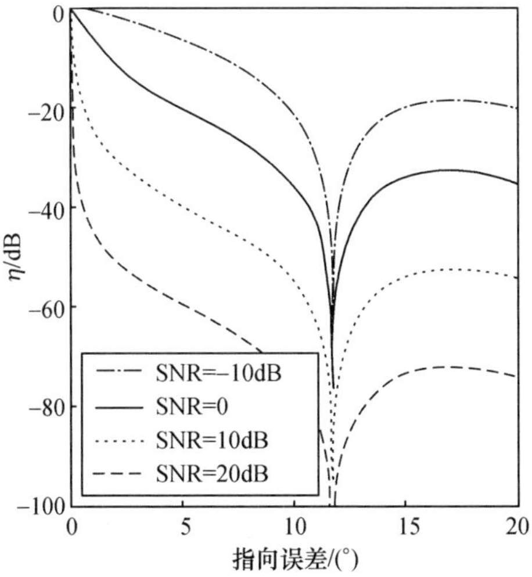

图 2.9　MVDR 算法性能随指向误差变化曲线

图 2.10 为输入 SNR 分别为 -10dB 和 10dB 时不同指向误差对应的 MVDR 算法的波束图,图中 $\Delta\theta=\theta_s-\theta_d$ 表示指向误差。由图可以看出,当存在指向误差时,波束主轴并不在实际期望信号方向,而在预设信号方向。在输入 SNR = -10dB时,2°的指向误差虽然使主轴偏移,但期望信号仍在主瓣内,波束形状相对接近于理想波束,随着指向误差的增大时,波束图发生了严重畸变,在期望信号方向形成了一个“凹槽”。在 SNR = 10dB,2°的指向误差已经使波束图在期望信号方向形成了“凹槽”,并且指向误差越大,凹槽越深。这是由于 MVDR 波束形成方法仅将响应矢量等于无失真约束的导向矢量的信号看成是期望信号,把其他方向响应矢量都视为干扰,而无失真约束中用的是预设导向矢量。因此,MVDR 波束形成器将主瓣指向了预设方向,把期望信号当做了干扰进行抑制,在

波束图上表现为在期望信号方向形成一个凹槽,这种现象也称为信号“自消”。

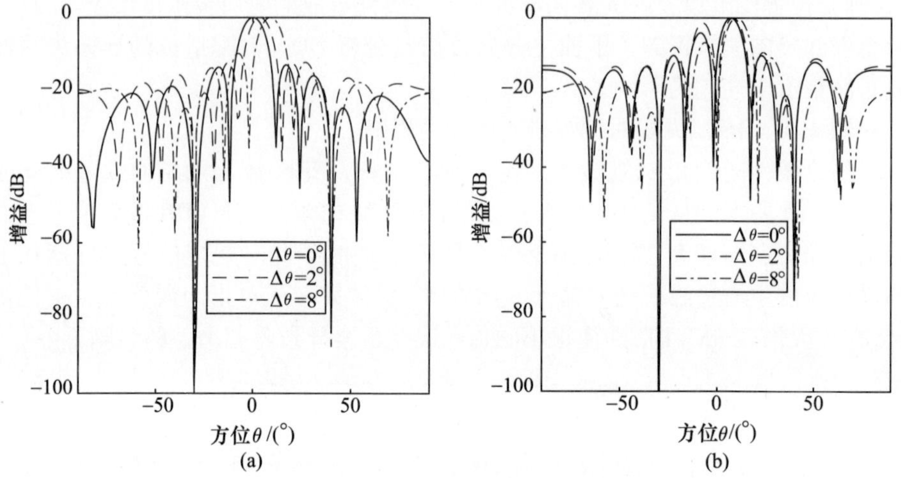

图 2.10　DOA 失配时 MVDR 算法的波束图

(a) SNR = -10dB; (b) SNR = 10dB。

从上述分析可以看出,随着输入 SNR 的增加,很小的指向误差都会大大影响波束形成的性能。

2.4.3　有限快拍对波束形成的影响

在阵列平台处于运动状态时,接收的期望信号和干扰信号的来向都是不断变化的,这就需要系统能够根据变化的情况进行实时的自适应调整,自适应波束形成要达到较好的性能,都要利用一定数目的快拍数,而阵列平台运动的非平稳环境下,无法获得足够的有效采样快拍数,这直接影响了协方差矩阵估计的准确性,进而影响了波束形成的性能。

将阵列接收数据的协方差矩阵表示为

$$\boldsymbol{R}_x = \boldsymbol{A}\boldsymbol{R}_s\boldsymbol{A}^{\mathrm{H}} + 2\mathrm{Re}[\boldsymbol{R}_{sn}] + \boldsymbol{R}_n \tag{2.96}$$

式中:$\boldsymbol{R}_{sn}$ 为噪声和信号之间的互相关矩阵。

理想情况下,假设噪声为白噪声,并且与信号互不相关,因此有 $\boldsymbol{R}_{sn}=0$,$\boldsymbol{R}_n=\sigma_n^2\boldsymbol{I}$,即 $\boldsymbol{R}_x=\boldsymbol{A}\boldsymbol{R}_s\boldsymbol{A}^{\mathrm{H}}+\sigma_n^2\boldsymbol{I}$。但是在采用快拍数据对协方差矩阵进行估计时,由于快拍数 K 有限,协方差矩阵组成中增加了交叉项 $\boldsymbol{R}_{sn}$。对于 $\boldsymbol{R}_s$ 来说,有限数据就等效于增加了信号之间的相关性,这样 $\boldsymbol{R}_s$ 不再是对角矩阵,相当于增加了信号间的相关性,造成自适应零点变浅和自适应波束性能下降;等效的噪声项变成了 $2\mathrm{Re}[\boldsymbol{R}_{sn}]+\boldsymbol{R}_n$,假设的白噪声实际等效成了色噪声,从而造成了采样协方差矩阵的小特征值发散,小特征值及对应的特征矢量扰动参与了自适应权值的计算,导致了自适应波束畸变,表现为副瓣很高,对干扰抑制能力下降。

上面定性地分析了有限快拍数对系统性能的影响,下面通过建立输出 SINR 与快拍数 K 的关系定量分析快拍数对输出 SINR 的影响。波束形成器的输出 SINR 可以表示为

$$\mathrm{SINR_{out}} = \frac{\sigma_{yd}^2}{\sigma_{yi}^2 + \sigma_{yn}^2} = \frac{\sigma_{yd}^2}{\sigma_y^2 - \sigma_{yd}^2} = \frac{\boldsymbol{w}^{\mathrm{H}}\boldsymbol{R}_d\boldsymbol{w}}{\boldsymbol{w}^{\mathrm{H}}\boldsymbol{R}_x\boldsymbol{w} - \boldsymbol{w}^{\mathrm{H}}\boldsymbol{R}_d\boldsymbol{w}} \tag{2.97}$$

由 MVDR 算法中的权矢量求解式 $\boldsymbol{w} = \mu\boldsymbol{R}_x^{-1}\boldsymbol{a}_s$ 和约束条件 $\boldsymbol{w}^{\mathrm{H}}\boldsymbol{a}_s = 1$,可以推出

$$\sigma_y^2 = \boldsymbol{w}^{\mathrm{H}}\boldsymbol{R}_x\boldsymbol{w} = \boldsymbol{w}^{\mathrm{H}}\boldsymbol{R}_x(\mu\boldsymbol{R}_x^{-1}\boldsymbol{a}_s) = \mu\boldsymbol{w}^{\mathrm{H}}\boldsymbol{a}_s = \mu \tag{2.98}$$

$$\sigma_{yd}^2 = \boldsymbol{w}^{\mathrm{H}}\boldsymbol{R}_d\boldsymbol{w} = \sigma_d^2\boldsymbol{w}^{\mathrm{H}}\boldsymbol{a}_d\boldsymbol{a}_d^{\mathrm{H}}\boldsymbol{w} = \sigma_d^2\left|\boldsymbol{w}^{\mathrm{H}}\boldsymbol{a}_d\right| = \sigma_d^2 \tag{2.99}$$

因此有

$$\mathrm{SINR_{out}} = \frac{\sigma_d^2}{\mu - \sigma_d^2} \tag{2.100}$$

定义归一化参数 η 考察快拍数 K 对系统性能的影响,即

$$\eta = \frac{\hat{G}}{G} = \frac{\mathrm{SI\hat{N}R_{out}}}{\mathrm{SINR_{out}}} = \frac{\mu - \sigma_d^2}{\hat{\mu} - \sigma_d^2} \tag{2.101}$$

式中:$\mathrm{SI\hat{N}R_{out}}$ 、$\hat{G}$ 、$\hat{\mu}$ 分别表示利用有限快拍估计协方差矩阵时对应的输出 SINR、阵增益和权矢量求解系数,在 MVDR 算法的最优化准则下有 $\hat{\mu} = 1/\boldsymbol{a}_s^{\mathrm{H}}\hat{\boldsymbol{R}}_x^{-1}\boldsymbol{a}_d$。我们令

$$\rho = \frac{\mu}{\hat{\mu}} = \mu(\boldsymbol{a}_s^{\mathrm{H}}\hat{\boldsymbol{R}}_x^{-1}\boldsymbol{a}_s) \tag{2.102}$$

在模型确定的情况下,上式中只有 $\hat{\boldsymbol{R}}_x^{-1}$ 是变量。在 $K>M$ 时,采样协方差矩阵 $\hat{\boldsymbol{R}}_x$ 服从复 Wishart 分布[119],根据其概率密度函数以及逆阵同 Wishart 分布的关系可以得出 ρ 的概率密度函数为[120-122]

$$p(\rho) = \frac{K!}{(M-2)!(K+1-M)!(1-\rho)^{M-2}\rho^{K+1-M}} \tag{2.103}$$

将 η 用 ρ 表示,有

$$\eta = \frac{\rho}{\mathrm{SINR_{out}}(1-\rho)+1} \tag{2.104}$$

因此,η 的均值表达式为

$$\mathrm{E}(\eta) = \frac{a}{a+b}\left\{1 + \sum_{i=1}^{\infty}(-\mathrm{SINR_{out}})\left(\frac{a}{a+b+1}\right)\left(\frac{b+1}{a+b+2}\right)\cdots\left(\frac{b+i-1}{a+b+i}\right)\right\} \tag{2.105}$$

其中，$a = K - M + 2, b = M - 2$，通常，式(2.105)可以进一步近似为

$$\mathrm{E}(\eta) = \frac{a}{a+b}\left(\frac{1}{1 + \mathrm{SINR}_{\mathrm{out}}\dfrac{b+1}{a+b+2}}\right) \tag{2.106}$$

下面通过仿真说明快拍数对波束形成性能的影响。

例 2.5 快拍数对波束形成性能的影响。

仿真条件同例 2.2。图 2.11(a)为不同输入 SNR 时 η 的均值随快拍数的变化曲线，图 2.11(b)为 100 次蒙特卡罗实验得出的归一化阵列增益(实际阵列增益与理想阵列增益之比)。实际上，两图都反映了归一化阵列增益的平均值，因此基本上是相同的。可以看出，在快怕数比较少时，阵增益损失非常大，随着 K 的增大，阵增益逐渐收敛于理想值，但是收敛速度受输入 SNR 的影响很大，SNR 越大，收敛速度越慢，达到较好性能所需的快拍数越多。

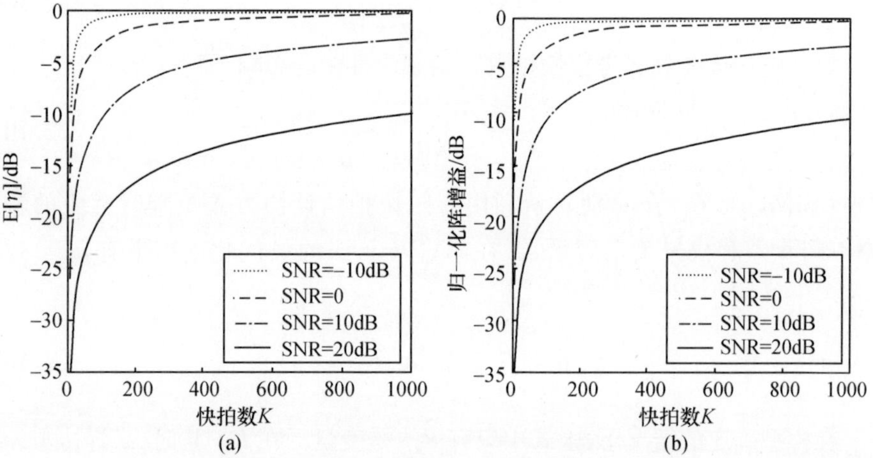

图 2.11 MVDR 算法性能随快拍数变化曲线

(a)E(η)；(b)归一化阵增益。

图 2.12 为输入 SNR 分别取 20dB、10dB、0dB 和无穷小时不同快拍数对应的波束图，其中 SNR = $-\infty$ 表示样本数据中不含期望信号。从图中可以看出，在样本数据中含期望信号时，如果快拍数很小，波束形成可能会把期望信号视作干扰，在期望信号方向形成零陷，且 SNR 越大，这种零陷越深，如图 2.12(a)(b)(c)中 $K = 10$ 时的波束图；随着快拍数增多，波束逐渐将主瓣指向了期望信号，旁瓣水平逐渐降低，在干扰处的零陷加深。但是，在 SNR 较大时，要获得较好的波束形状，需要的快拍数很多，如图 2.12(a)所示，$K = 1000$ 时波束的旁瓣水平仍很高，甚至存在同主瓣相当的旁瓣；随着 SNR 降低，收敛速度加快，波束形成

要达到较好性能需要的快拍数逐渐减小,图 2.12 (c)中 SNR 降至 0 中时,$K=1000$ 已经具有较好的波束形状,而当样本数据中不含期望信号时,如图 2.12 (d)所示,$K=100$ 已经具有较好的波束形状,$K=1000$ 时波束图接近于理想情况。

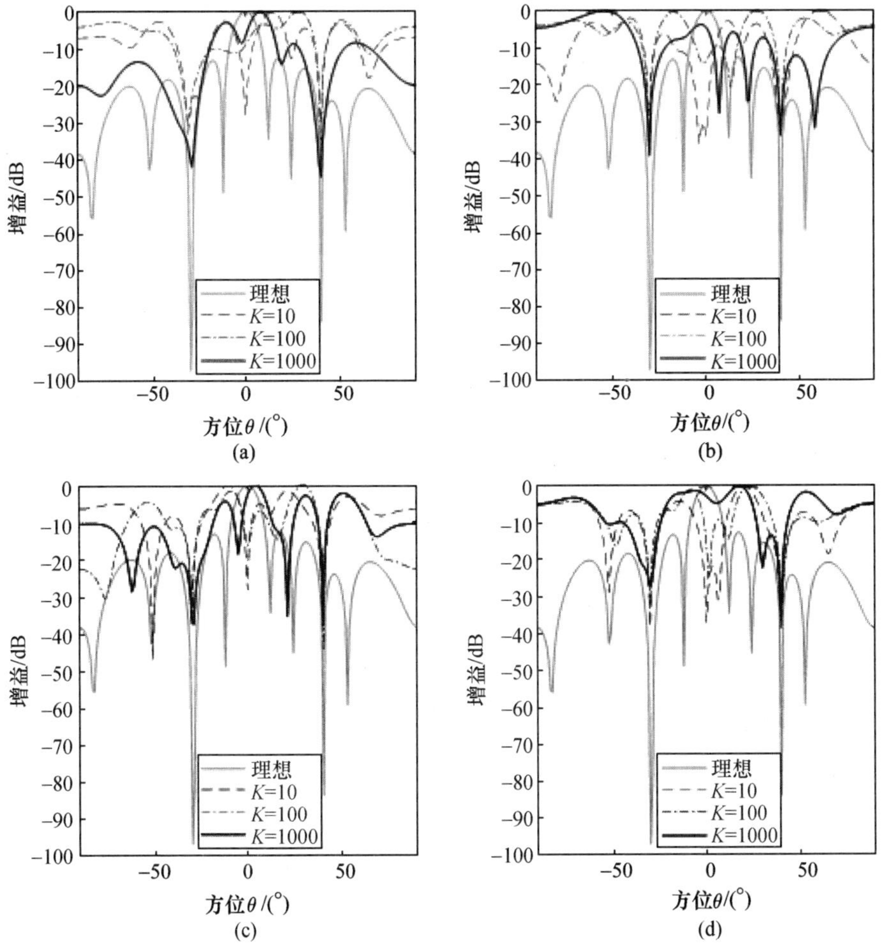

图 2.12 不同快拍时 MVDR 算法的波束图

(a) SNR = 20dB; (b) SNR = 10dB; (c) SNR = 0dB; (d) SNR = $-\infty$

从上面的仿真中可以看出,在样本数据中不含期望信号时,MVDR 算法的收敛速度很快,在快拍数 $K>2M$ 时,已经可以保证输出 SINR 比最优时损失 3dB 以内[123]。样本数据中含期望信号时,MVDR 算法的收敛速度大大降低,并且 SNR 越高收敛速度越慢,要达到较好性能需要的快拍数越多。为保证样

本数据中含期望信号时 MVDR 算法的输出 SINR 损失在 3dB 以内，快拍数需要满足[124]

$$K \gg \mathrm{SINR}_{\mathrm{opt}} \cdot (M-1) \gg M \tag{2.107}$$

从式(2.107)也可以看出，在样本数据中含期望信号时，需要远远大于阵元数的快拍数。在阵列平台运动的非平稳环境下，可以利用的有效快拍数很有限，要改善小快拍数时自适应波束形成的性能，有两种方法：一是消除样本数据中的期望信号；二是研究对小快拍具有稳健性的自适应波束形成方法。实际上，由于导向矢量误差和有限快拍造成的协方差矩阵误差对 MVDR 波束形成器性能的影响具有相同的机理[69]，都会将期望信号当作干扰信号进行抑制，造成自消现象，因此，很多稳健的波束形成方法对两种误差都具有稳健性。

2.4.4 阵列性能与阵元数的关系

在小卫星、导弹、无人机等小型或微型飞行器中，由于受各种实际因素的限制，阵列规模一般不会太大。常规波束形成器和 MVDR 波束形成器的最优阵列增益都取决于阵元数目 M。其中常规波束形成的分辨率受波束宽度的限制，波束越宽分辨率越低，而波束宽度与阵列孔径成反比，因此要提高分辨率，需要增加阵元数目或是增加阵元间距，增加阵元间距会造成方位模糊，只能通过增加阵元数目提高分辨率。

对于 MVDR 波束形成器，其波束图形状也在很大程度上取决于阵列的阵元数。理想情况下，阵增益等于阵元数，因此其对噪声和干扰的抑制能力都随阵元数的增多而增加。阵列的自由度直接由阵元数决定，即 M 元阵列只有 $M-1$ 个自由度，最多能够抑制 $M-1$ 个干扰信号，这就使小阵元数阵列的性能受到了很大的限制。

下面通过仿真说明阵元数目对波束形成性能的影响。

例 2.6　波束形成性能与阵元数的关系。

考虑一间距为半波长的均匀线阵，期望信号入射方向为 0°，SNR = 10dB，有一个方向为 15°的干扰信号，干扰噪声比（INR）分别为 30dB，阵元数分别取 6 和 10。图 2.13 中分别画出了两种波束形成器的的波束图。从图中可以看出，在间距固定时，阵元数目决定了常规波束形成的主瓣宽度和旁瓣水平，阵元数目也多，其指向性越好；MVDR 波束形成器的旁瓣水平和在干扰处的零陷水平都随阵元数的增多而减低，可见波束形成的性能在很大程度上取决于阵元数目。

图 2.14 为不同阵元数时两种方法的方位谱。从图中可以看出，由于两个信号的距离较近，在阵元数为 6 时，小于主瓣宽度。因此，常规波束形成不能分辨

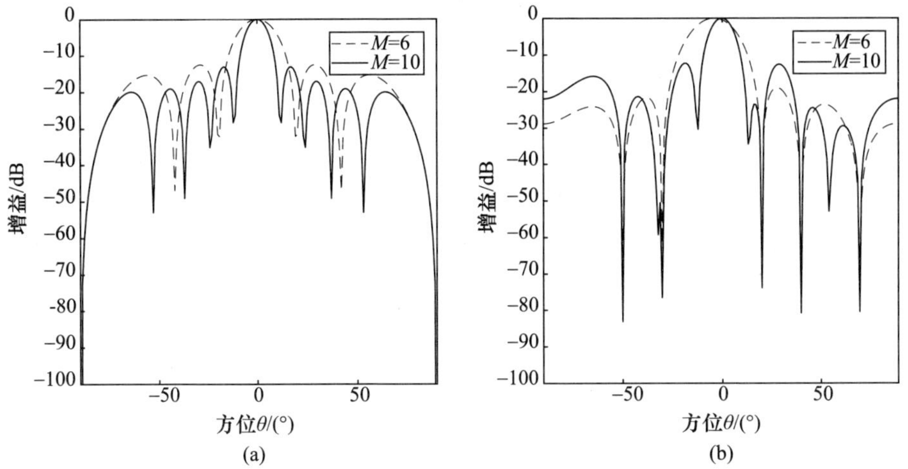

图 2.13 阵元数对波束图的影响

(a)常规加权；(b)MVDR 加权。

出两个信号，而阵元数为 10 时，虽然能分辨出两个信号，但在 0°的弱信号处显示功率是错误的，这是由于常规波束“能量泄露”的原因，弱信号被强信号所淹没；MVDR 法的方位谱能正确指示两信号的功率，分辨能力大大提高，并且阵元数越多，分辨率越高。

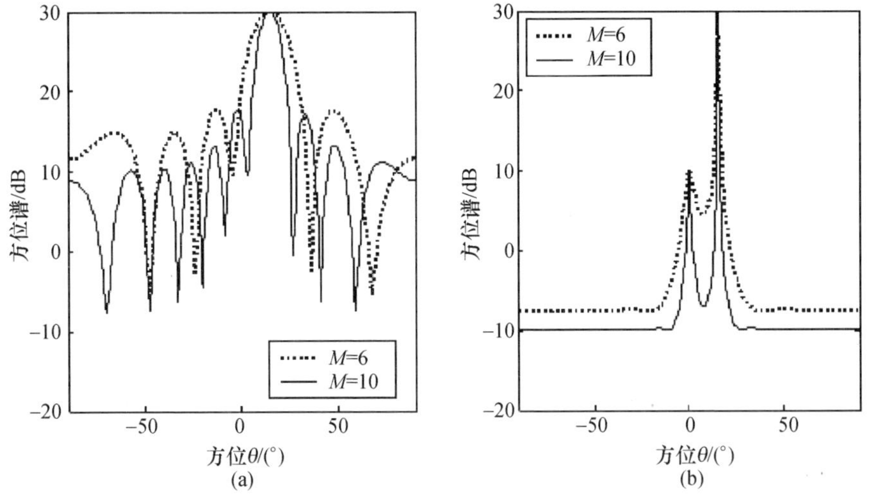

图 2.14 阵元数对方位谱的影响

(a)常规加权；(b)MVDR 加权。

考虑6个干扰的情况，干扰方向为-60°、-30°、-10°、20°、40°、70°，干扰噪声比都为30dB。图2.15画出了MVDR波束形成器的波束图和方位谱。从图中可以看出，在$M=10$时，自适应波束形成在所有干扰处都形成了较深零陷，方位谱也能正确分辨所有信号；在$M=6$时，由于干扰数大于阵列的自由度，自适应抗干扰系统不能正常工作，波束发生了畸变，方位谱中也不能分辨信号位置。

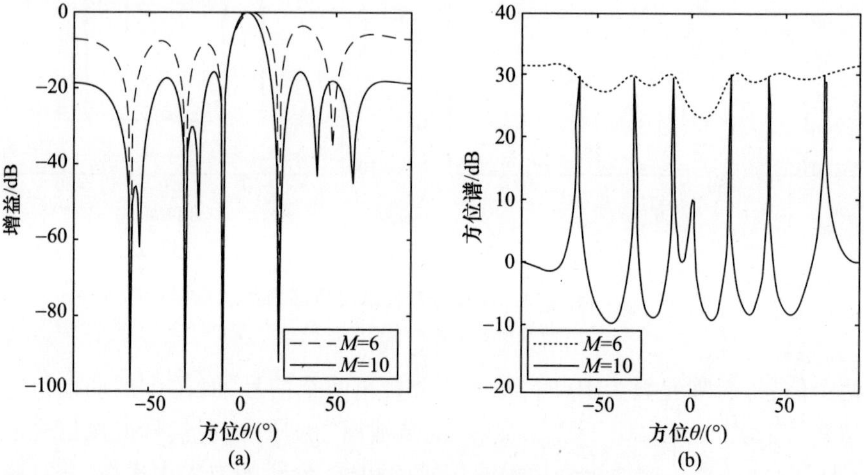

图2.15　干扰数大于自由度时MVDR算法的性能

(a)波束图；(b)方位谱。

由此可见，阵元数目决定着阵列增益、分辨率和干扰抑制能力。阵列要达到比较好的性能，一定数目的阵元数是前提。在小型或微型飞行器中，阵列规模是制约其天线性能的一个重要因素。为了改善小阵元时阵列的性能，本书将在第3章研究虚拟阵列扩展的方法。

第3章　虚拟阵列波束形成技术

在第2章的讨论中我们可以得出,阵列规模对波束形成的性能起到了决定性的作用。阵元规模在地面基站中可以做得很大,但在导弹、无人机等小型或微型飞行器中,由于受有效载荷的影响,阵元数目有限,阵列增益和抗干扰能力有限。针对小阵元数的高动态飞行器,本章讨论了可以扩展阵列孔径的虚拟阵列波束形成技术。

我们讨论了应用于波束形成的虚拟阵列构建方法;针对非圆信号给出了一种利用信号共轭扩展阵列孔径的虚拟阵列构成方法,该方法简单容易实现,可以同时保留信号的方位信息和时间信息,应用于自适应波束形成中,可以改善阵列指向性,并且可以对抗超自由度的干扰;针对目前很多先进飞行器采用共形阵列的实际,讨论了共形圆阵的虚拟阵列波束形成方法,可以克服飞行器飞行过程中由于载体的遮挡只有部分阵元起作用而造成阵增益损失的问题,提高阵列增益。

3.1　虚拟阵列构建方法概述

总结目前虚拟阵列的类型,主要分为三大类:第一类是利用扇区内插法将任意形式的阵列转换成虚拟的均匀线阵[32-33],其目的是为了能够使用均匀线阵的一些成熟的阵列信号处理算法,也有文献将这种方法用于均匀线阵的阵元扩展中[41];第二类是针对均匀线阵的DOA估计提出的一些虚拟阵列构造方法,如高阶累积量法[43];第三类是虚拟阵元波束形成方法,这方面的研究文献相对较少,主要有相移法[51]、延时求和法、线性预测法等。实际上,目前大部分虚拟阵列的研究都是针对其DOA估计方面的应用,对于在波束形成中的应用却很少提及。本节将目前用于波束形成的虚拟阵列构建方法做了一个总结,并比较了其优缺点,为后面的研究提供了依据。

3.1.1　扇区内插法

在阵列信号处理中,很多优秀算法都是针对等距线阵提出的。但是,在实际应用中阵列可能是非等距线阵(NLA)、圆阵或其他几何排列阵列。对NLA阵和其他几何形状阵列,通过在感兴趣区域插值而实现虚拟变换转化为 ULA 阵,从而利用大量已有算法,这是扇区内插法提出的目的。

假设信号位于区域 Θ 内,原阵列在 θ 方向的导向矢量为 $\boldsymbol{a}(\theta)$, 虚拟阵列在 θ 方向的导向矢量为 $\bar{\boldsymbol{a}}(\theta)$, 在区域 Θ 内真实阵列的导向矢量 $\boldsymbol{a}(\theta)$ 和虚拟阵列的导向矢量 $\bar{\boldsymbol{a}}(\theta)$ 间存在一个固定的变换关系 $\boldsymbol{T}$,即

$$\bar{\boldsymbol{a}}(\theta) = \boldsymbol{T}\boldsymbol{a}(\theta), \quad \theta \in \Theta \tag{3.1}$$

将区域 Θ 均分为

$$\Theta = [\theta_l, \theta_l + \Delta\theta, \theta_l + 2\Delta\theta, \cdots, \theta_r - \Delta\theta, \theta_r] \tag{3.2}$$

式中: θ_l 、θ_r 为区域 Θ 的左右边界; $\Delta\theta$ 为步长。

所选区域的实际阵列流形矩阵为

$$\boldsymbol{A} = [\boldsymbol{a}(\theta_l), \boldsymbol{a}(\theta_l + \Delta\theta), \boldsymbol{a}(\theta_l + 2\Delta\theta), \cdots, \boldsymbol{a}(\theta_r - \Delta\theta), \boldsymbol{a}(\theta_r)] \tag{3.3}$$

在同一个区域 Θ 内,虚拟阵列的流型矩阵为

$$\bar{\boldsymbol{A}} = [\bar{\boldsymbol{a}}(\theta_l), \bar{\boldsymbol{a}}(\theta_l + \Delta\theta), \bar{\boldsymbol{a}}(\theta_l + 2\Delta\theta), \cdots, \bar{\boldsymbol{a}}(\theta_r - \Delta\theta), \bar{\boldsymbol{a}}(\theta_r)] \tag{3.4}$$

变换矩阵 $\boldsymbol{T}$ 的选取原则是使在区域 Θ 内的变换误差最小,对于选取的方向,需要使其变换误差的和最小,即

$$\min_{\boldsymbol{T}} \|\boldsymbol{T}\boldsymbol{A} - \bar{\boldsymbol{A}}\|_F^2 \tag{3.5}$$

式中: $\| \ \|_F$ 表示 Fronenius 模。

当变换点数大于实际阵元数且 $\bar{\boldsymbol{A}}$ 满秩的情况下,可以得出虚拟变换矩阵为

$$\boldsymbol{T} = \bar{\boldsymbol{A}}\boldsymbol{A}^{\mathrm{H}}(\boldsymbol{A}\boldsymbol{A}^{\mathrm{H}})^{-1} \tag{3.6}$$

实际中变换矩阵的求解误差、内插扇区的选取和虚拟阵元数、阵元间距都会影响波束形成的性能,很多文献对虚拟阵列参数的选择和变换矩阵的计算方法进行了研究[33-37]。

扇区内插法可以将任何几何形状的阵列转换成虚拟的均匀线阵,也可以利用现有的一些针对均匀线阵提出的算法,这就解决了高动态飞行器中常采用的共形阵的阵列信号处理问题。也有文献将扇区内插法用于阵元数的扩展[41],将 M 元均匀线阵转换成了虚拟的 N 元($N>M$)均匀线阵,以增加了阵列的自由度,并在自适应波束形成中验证了虚拟阵列的性能,分析了内插区域的选取以及虚拟阵列的阵元数、阵元间距对波束形成性能的影响。但是,由于采用内插法构造虚拟阵列的基本原则是使虚拟阵列的波束图尽量接近原阵列,对于原阵列和虚拟阵列都是等距线阵时,即要符合虚拟阵列孔径等于原阵列孔径这一原则,由于阵列孔径没有变化,分辨率并不会提高,反而会由于变换误差而降低。文章中关于性能改进的仿真

也是针对原阵列不满足 $d \leqslant \lambda/2$ 时的条件时所做的。这时,虚拟阵列的阵元增多间距减小可以克服方位模糊,但在原始阵列间距满足 $d \leqslant \lambda/2$ 时,该方法并不实用。

3.1.2 延时求和法

还有一种虚拟阵列的构建思想,是将 M 个实际阵元的接收数据向外扩展,得到虚拟意义上的阵元接收信号,与实际阵元接收信号结合,合成一新的 N 元阵列,在此基础上进行波束形成。如图 3.1 所示,其中实心圆表示实际阵元,空心圆表示虚拟阵元,虚拟阵元数为 $N-M$,其编号为 $M+1, M+2, \cdots, N$,间距也设为 d,这样就得到了虚拟意义上的 N 元均匀线阵。这类方法的代表是延时求和法和线性预测法。

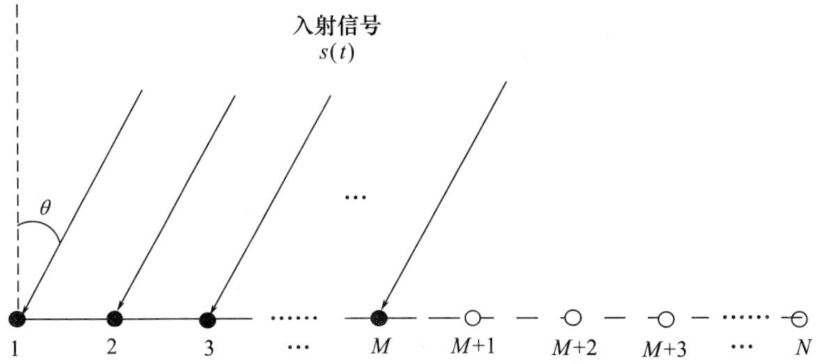

图 3.1 虚拟阵列示意图

在远场平面波假设条件、加性噪声背景下,假设入射信号为 $s(t)$,入射方向为 θ,则第 m 个阵元接收信号为

$$x_m(t) = s_m(t) + n_m(t), \quad m = 1,2,\cdots,M \tag{3.7}$$

式中:$s_m(t)$ 为有用信号;$n_m(t)$ 为高斯白噪声。

以第 1 个阵元为参考阵元,其接收到的信号为 $s(t)$,则第 m 个实际阵元的接收信号为

$$x_m(t) = s(t - \tau_m) + n_m(t) \tag{3.8}$$

式中:$\tau_m = -\frac{d}{c}(m-1)\sin\theta$ 为信号从参考阵元到达第 m 阵元所需的时延。

延时求和法利用这种时延关系构造虚拟阵列,其中编号为 n 的虚拟阵元接收信号表示为

$$\begin{aligned} x_n(t) &= \frac{1}{M}\sum_{m=1}^{M} x_m(t - \hat{\tau}_{mn}) = \frac{1}{M}\sum_{m=1}^{M}[s_m(t - \hat{\tau}_{mn}) + n_m(t - \hat{\tau}_{mn})] \\ &= \frac{1}{M}\sum_{m=1}^{M}[s(t - \tau_m - \hat{\tau}_{mn}) + n_m(t - \hat{\tau}_{mn})] \end{aligned} \tag{3.9}$$

式中：$\hat{\tau}_{mn}$ 为信号到达实际阵元 m 和虚拟阵元 n 的时延，令虚拟阵元的间距也为 d，则有 $\hat{\tau}_{mn} = -\frac{d}{c}(n-m)\sin\theta$。这样就通过对已有阵元的延时求和得到了虚拟阵元上的接收信号。

令 $\tau = -\frac{d\sin\theta}{c}$，则

$$x_n(t) = s[t-(n-1)\tau] + \frac{1}{M}\sum_{m=1}^{M} n_m(t-\hat{\tau}_{mn}) \tag{3.10}$$

在延时求和法中，由于延时量只与基元分布的位置、信号的入射方向有关，而和信号频率无关，所以该方法可以用于宽带信号。但是，由于延时量的取值是根据波达方向计算出来的。因此，只适用于一个信号入射时，当有多个信号从不同方向入射时，延时量很难选择。如果延时量由期望信号的入射方向计算，则虚拟阵列对于干扰信号方向等效的导向矢量就会产生错误，自适应波束形成就不能有效地抑制干扰，如图 3.2 所示，虚拟阵列没能在 −40°、30°的两个干扰信号方向形成零陷。因此，这种虚拟阵列的构建方式不适用于自适应波束形成。

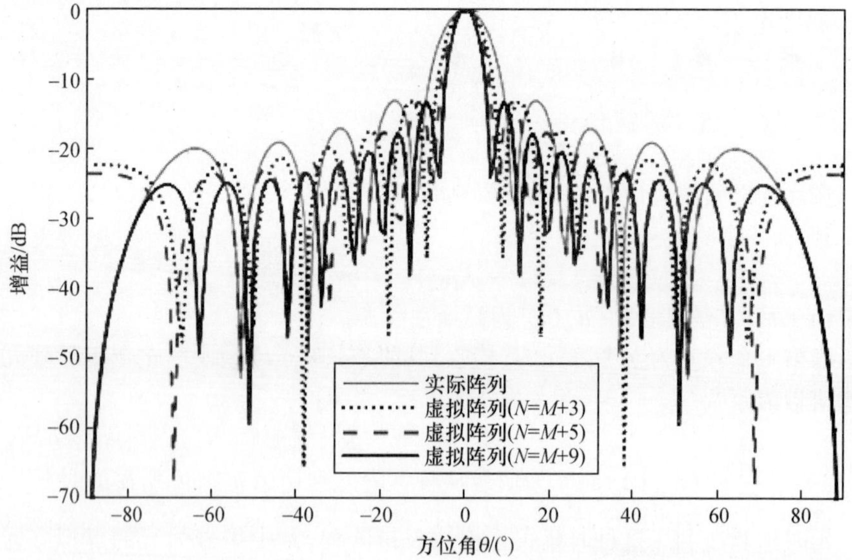

图 3.2　存在干扰时延时求和虚拟阵列波束图

3.1.3　线性预测法

通过对比波束形成机理和线性预测的知识可知，空间中等间隔的各个阵元

可以对应预测滤波器中的各个延迟节点,各节点的延迟对应空域中两阵元的间距。因此,可以将时域的线性预测理论拓展到空域信号处理中,采用前向预测方法,即可以由前 M 个阵元数据预测第 $M+1$ 个阵元数据。对于任意第 k 个采样时刻,有

$$-\begin{bmatrix} \boldsymbol{x}_{M-1}^{\mathrm{T}} & \boldsymbol{x}_{M-2}^{\mathrm{T}} & \cdots & \boldsymbol{x}_{1}^{\mathrm{T}} \end{bmatrix}\begin{bmatrix} c_1 \\ c_2 \\ \vdots \\ c_{M-1} \end{bmatrix} = \boldsymbol{x}_M^{\mathrm{T}} \tag{3.11}$$

式中:$c_l(l=1,2,\cdots,M-1)$为空域中的前向预测系数。

根据线性相关的理论,可以得出线性预测的 Wiener – Hopf 方程为

$$r_x(m) = \begin{cases} -\sum\limits_{l=1}^{M-1} c_l r_x(m-l), & m=1,2,\cdots,M-1 \\ -\sum\limits_{l=1}^{M-1} c_l r_x(-l)+\rho, & m=0 \end{cases} \tag{3.12}$$

将式(3.12)写成矩阵形式为

$$\begin{bmatrix} r_x(0) & r_x(-1) & r_x(-2) & \cdots & r_x(-(M-1)) \\ r_x(1) & r_x(0) & r_x(-1) & \cdots & r_x(-(M-2)) \\ r_x(2) & r_x(1) & r_x(0) & \cdots & r_x(-(M-3)) \\ \vdots & \vdots & \vdots & \ddots & \vdots \\ r_x(M-1) & r_x(M-2) & r_x(M-3) & \cdots & r_x(0) \end{bmatrix}\begin{bmatrix} 1 \\ c_1 \\ c_2 \\ \vdots \\ c_{M-1} \end{bmatrix} = \begin{bmatrix} \rho \\ 0 \\ 0 \\ \vdots \\ 0 \end{bmatrix} \tag{3.13}$$

由于 $r_x(-m)=r_x^*(m)$,$r_x^*(m)$ 可以利用采样快拍数据估计得到,求解上述方程就可以求得 c_1、c_2、$\cdots$、c_{M-1} 和 ρ。这样第 $M+1$ 个阵元上的当前时刻接收数据可以表示为

$$\boldsymbol{x}_{M+1}^{\mathrm{T}} = -\sum_{l=1}^{M-1} c_l \boldsymbol{x}_{M-l+1}^{\mathrm{T}} \tag{3.14}$$

同理,可继续预测第 $M+2,M+3,\cdots,N$ 个阵元上的采样数据。这样就得到了各虚拟阵元的接收数据。对所有的采样快拍重复以上工作,设快拍数取 K,虚拟的阵元数为 $L=N-M$,则需要 $K\times L$ 次线性预测。由于 $c_1+c_2+\cdots+c_{M-1}=1$,在一定信噪比条件下通过对已知阵元接收数据的线性预测,所得的虚拟阵元接收数据中的噪声与实际阵元上的噪声的相关性比较小,并且已知阵元的个数越多,相关性越小。

上述运算过程中假设了相关函数 $r_x(n,n+m)$ 可以表示为 $r_x(m)$，即两个阵元信号的相关函数与这两个阵元的具体位置无关，而只与相对位置有关，这在接收到的只有一个信号时是成立的。实际接收信号中不仅含期望信号，还存在不同来向的干扰。这时，相关函数与 n 有关，因此不能采用上述算法。

3.1.4 相移法

由于信号到达各阵元的时间不同，对应信号的相移也不同，利用实际阵元接收信号之间的乘法、除法以及求共轭等运算，可以构造新的相位信息，以作为虚拟阵列阵元的接收信号，这是相移法的基本原理。

暂不考虑噪声的影响，为了方便表示，将参考阵元编号为 0，M 个阵元的编号分别为 $0,1,\cdots,M-1$。这样，第 m 个阵元的接收数据可以表示为

$$x_m(k) = s(k)\mathrm{e}^{\mathrm{j}\varphi_m} \tag{3.15}$$

式中：φ_m 表示第 m 个阵元相对于参考阵元的相移，对于均匀线阵有 $\varphi_m = -\frac{2\pi d}{\lambda}m\sin\theta$。

利用 M 元基阵构造 N 元虚拟阵列，$N=2M-1$，并从 0 到 $N-1$ 编号，则第 $m-n$ 号虚拟阵元接收数据为

$$\overline{x}_{m-n}(t) = x_m(t)x_n^*(t)/\overline{x}(t) \tag{3.16}$$

式中：$\overline{x}(t) = \sum_{m=1}^{M} x_m(t)x_m^*(t)$。

这种方法保留了所有信号的方位信息，是相移法的最初实现方式，可以应用于在自适应波束形成中，则

$$x_m(t)x_n^*(t) = A_s^2(k)\mathrm{e}^{\mathrm{j}\varphi(k)+\mathrm{j}\varphi_m}\mathrm{e}^{-\mathrm{j}\varphi(k)-\mathrm{j}\varphi_n} = A_s^2(k)\mathrm{e}^{\mathrm{j}(\varphi_m-\varphi_n)} \tag{3.17}$$

式(3.17)中显然丢失了原信号的相位信息，不能为后续的处理提供依据。

3.1.5 各种方法比较

表 3.1 列出了几种虚拟阵列构建方法的优、缺点及适用范围。由表可以看出，只有用相移法扩展的虚拟阵列可以应用于自适应波束形成中抑制干扰，但目前相移法的实现方式在保留方位信息的同时会丢失时间信息，不能为后续处理提供数据，并且引入了信号间、信号与干扰间的交叉项，使等效的干扰数增加，自适应波束形成需要消耗一定的自由度抑制交叉项，这样会使对于实际干扰的零陷变浅，旁瓣升高。

表 3.1 虚拟阵列构建方法比较

方法	优点	缺点	适用范围
扇区内插法	可将任意形式阵列变为均匀线阵	不能有效地扩展阵列孔径	其他几何形状的阵列和存在方位模糊时的均匀线阵
延时求和法	实现简单,可用于宽带信号	引入了相关噪声,不能保留所有信号方位信息,不适于自适应波束	预成波束
线性预测法	引入的噪声相关性较小	计算量大,只适合接收到单一信号时	不实用
相移法	保留了所用信号的方位信息	丢失了时间信息,引入了交叉项	预成波束 自适应波束

3.2 节在参考相移法基本原理的基础上,针对现代通信系统和卫星系统中常用的非圆信号提出了一种虚拟阵列构成方法,该方法实现简单,既能保留所有信号的方位信息,也可以保留时间信息,可以适应于自适应波束形成方式。

3.2 非圆信号共轭虚拟阵列波束形成

近几年来,如何利用非圆信号特征来提高空间谱估计算法性能已经成为信号处理理论界的一个研究热点。当信号源发射出非圆信号时,通过利用非圆信号椭圆协方差矩阵不为零的特征,可以有效地将接收数据矩阵维数加倍,这等效于将阵元个数加倍,从而提高参数估计性能并且能估计多于阵元个数的信号[127-129]。目前,很多非圆信号虚拟阵列构造方法,如共轭 ESPRIT 算法[44]和共轭 MUSIC 算法[45]等,都没有考虑信道附加相位,只适合于理想状态下的 DOA 估计,在实际中是不可行的[130]。Kaushik 等提出了一种 ESPRIT 类的实值频率估计算法[49],通过定义两个序列并将其相加获得实值导向矩阵,并且考虑了信道附加的初始相位;郑春弟等将这种算法借用到非圆信号 DOA 估计中,给出了一种 ESPRIT 类的实值 DOA 估计算法[131],不仅减少了运算量,而且提高了估计精度;徐友根等也考虑了信道附加的初始相位,对虚拟空间平滑算法进行了修正,还在估计 DOA 的同时估计出了初始相位[132]。

以上方法都只研究了非圆信号的阵列扩展在 DOA 估计方面的应用。本节利用非圆信号的实值特性,在考虑了信道附加相位的基础上对阵列进行扩展,并对扩展后的虚拟阵列进行自适应波束形成。

3.2.1 非圆信号的数学模型

在信号星座图的正交同相分量中,如果一个信号只有同相分量而正交分量为零,则将这种信号称为非圆信号,即如果信号的基带表达式中只有实部而虚部为零，则将这些信号称为非圆信号[126]。实际中，常用的非圆信号有二进制相移键控(BPSK)、M进制振幅键控(MASK)、振幅调制(AM)和脉幅调制(PAM)等。

对于任意调制方式，基带数据可以统一表示为

$$s(t) = u(t)e^{j[v(t)+\varphi]} = u(t)e^{jv'(t)} \tag{3.18}$$

式中：$u(t)$ 为信号的幅度信息；$v(t)$ 为信号的相位信息；φ 为信道的附加相位。

为了简便起见，研究人员通常将由于信道产生的相位偏移直接归入信号的相位信息之中，统一记为 $v'(t)$，这对于一般的圆形信号而言在处理中不会有什么区别。对于非圆信号来说，由于信号为实信号，即在理想情况下基带信号为实数，而实际中由于传输信道产生的附加相位使其变成了复数，其模型可以表示为

$$s(t) = s_r(t)e^{j\varphi} \tag{3.19}$$

式中：$s_r(t)$ 表示实信号；φ 为信道附加的初始相位。

对应的阵列接收数据模型可以表示为

$$\boldsymbol{x}(t) = \boldsymbol{A}\boldsymbol{s}(t) + \boldsymbol{n}(t) = \boldsymbol{A}\boldsymbol{\Psi}\boldsymbol{s}_r(t) + \boldsymbol{n}(t) \tag{3.20}$$

式中：$\boldsymbol{\Psi} = \mathrm{diag}[e^{j\varphi_0}, e^{j\varphi_1}, \cdots, e^{j\varphi_P}]$；$\boldsymbol{s}_r(t) = [s_{0,r}(t), s_{1,r}(t), \cdots, s_{p,r}(t)]^{\mathrm{T}}$，其中 $s_{p,r}(t)$ 和 φ_p $(p=0,1,2,\cdots,P)$ 分别表示阵列接收的第 p 个非圆信号和其对应的附加相位，有 $s_{p,r}(t) = s_{p,r}^*(t)$，其中 $p=0$ 对应期望信号。

3.2.2 虚拟阵列构造方法

对于非圆信号，由于其椭圆协方差矩阵不为零，所以可以将接收数据和其共轭串联起来以增加接收数据的维数，这是许多非圆信号空间谱估计算法的重要依据，我们也采用这种方式构造虚拟阵列。

在远场平面波假设条件，考虑一个 M 元等距线阵，假设入射的非圆信号为 $s_r(t)$，入射方向为 θ，暂不考虑噪声和干扰，将第1个阵元向左 d 处设为参考点，则第 m 个阵元的接收数据可以表示为

$$x_m(t) = s_r(t)e^{j\varphi}a_m(\theta) = s_r(t)e^{-j\frac{2\pi d}{\lambda}m\sin\theta + j\varphi} \tag{3.21}$$

式中：$a_m(\theta) = e^{-j\frac{2\pi d}{\lambda}m\sin\theta}$ 为 θ 方向的入射信号到达编号为 m 的阵元相对于参考阵元的相移。取其共轭作为虚拟的第 $-m$ 号阵元的接收信号，令

$$x_{-m}(t) = x_m^*(t) = s_r(t)a_m^*(\theta)e^{-j\varphi} = s_r(t)e^{j\frac{2\pi d}{\lambda}m\sin\theta - j\varphi} \tag{3.22}$$

保留原阵列的 $1\sim M$ 号阵元，与虚拟的 $-M\sim -1$ 号阵元一起构成阵元数为 $2M$ 的虚拟阵列，则虚拟阵列的接收数据为

$$\bar{\boldsymbol{x}}(t) = [x_M^*(t), \cdots, x_1^*(t), x_1(t), \cdots, x_M(t)]^{\mathrm{T}} = \begin{bmatrix} \boldsymbol{J}_M \boldsymbol{x}^*(t) \\ \boldsymbol{x}(t) \end{bmatrix} = \boldsymbol{b}(\theta,\varphi)s_r(t) \tag{3.23}$$

式中：$\boldsymbol{J}$ 表示次对角线元素为 1，其余为 0 的方阵，下标表示其维数。

将附加相位等效为信号到达方向的一个参数，用 $\boldsymbol{b}(\theta,\varphi)$ 表示虚拟阵列的阵列流型矢量，即

$$
\begin{aligned}
\boldsymbol{b}(\theta,\varphi) &= [\mathrm{e}^{\mathrm{j}\frac{2\pi d}{\lambda}M\sin\theta-\mathrm{j}\varphi},\cdots,\mathrm{e}^{\mathrm{j}\frac{2\pi d}{\lambda}\sin\theta-\mathrm{j}\varphi},\mathrm{e}^{-\mathrm{j}\frac{2\pi d}{\lambda}\sin\theta+\mathrm{j}\varphi},\cdots,\mathrm{e}^{-\mathrm{j}\frac{2\pi d}{\lambda}M\sin\theta+\mathrm{j}\varphi}]^{\mathrm{T}} \\
&= [\alpha_M^*(\theta)\mathrm{e}^{-\mathrm{j}\varphi},\cdots,a_1^*(\theta)\mathrm{e}^{-\mathrm{j}\varphi},a_1(\theta)\mathrm{e}^{\mathrm{j}\varphi},\cdots,a_M(\theta)\mathrm{e}^{\mathrm{j}\varphi}]^{\mathrm{T}} \\
&= \begin{bmatrix} \boldsymbol{J}_M\boldsymbol{a}^*(\theta)\mathrm{e}^{-\mathrm{j}\varphi} \\ \boldsymbol{a}(\theta)\mathrm{e}^{\mathrm{j}\varphi} \end{bmatrix}
\end{aligned} \tag{3.24}
$$

考虑一个期望信号和 P 个干扰信号入射时，将噪声也考虑在内，则虚拟阵列的接收信号为

$$
\begin{aligned}
\bar{\boldsymbol{x}}(t) &= \begin{bmatrix} \boldsymbol{J}_M\boldsymbol{x}^*(t) \\ \boldsymbol{x}(t) \end{bmatrix} = \begin{bmatrix} \boldsymbol{J}_M\boldsymbol{A}^* \boldsymbol{\Psi}^* \\ \boldsymbol{A}\boldsymbol{\Psi} \end{bmatrix} s_r(t) + \begin{bmatrix} \boldsymbol{J}_M\boldsymbol{n}^*(t) \\ \boldsymbol{n}(t) \end{bmatrix} \\
&= \boldsymbol{B}s_r(t) + \bar{\boldsymbol{n}}(t)
\end{aligned} \tag{3.25}
$$

其中

$$
\boldsymbol{B} = [\boldsymbol{b}(\theta_0,\varphi_0),\boldsymbol{b}(\theta_1,\varphi_1),\cdots,\boldsymbol{b}(\theta_p,\varphi_p)]
$$

$$
\bar{\boldsymbol{n}}(t) = [n_M^*(t),\cdots,n_1^*(t),n_1(t),\cdots,n_{M-1}(t)]^{\mathrm{T}}
$$

将虚拟阵列的加权矢量表示为 $\bar{\boldsymbol{w}}$，则虚拟阵列波束形成器的输出信号为

$$
\bar{\boldsymbol{y}}(t) = \bar{\boldsymbol{w}}^{\mathrm{H}}\bar{\boldsymbol{x}}(t) \tag{3.26}
$$

在进行基于 DOA 的波束形成时，需要已知期望信号的到达方向。对于虚拟阵列来说，初始相位等效成了波达方向的一个参数。因此，需要同时已知期望信号的入射方向和初始相位。徐友根等提出的修正的虚拟空间平滑算法中有对初始相位的估计方法[132]，这里不再赘述。我们假设期望信号的 θ_0、φ_0 都已经估计出来，在 MVDR 的优化模型下，虚拟阵列的自适应权为

$$
\bar{\boldsymbol{w}} = \frac{\boldsymbol{R}_{\bar{x}}^{-1}\boldsymbol{b}(\theta_0,\varphi_0)}{\boldsymbol{b}^{\mathrm{H}}(\theta_0,\varphi_0)\boldsymbol{R}_{\bar{x}}^{-1}\boldsymbol{b}(\theta_0,\varphi_0)} \tag{3.27}
$$

由特征空间理论可知，当干扰数 P 小于阵元数 M 时，必然有 P 个大特征值和对应的特征矢量，即能在干扰方向形成 P 个零点，可以抑制全部干扰；但当 $P \geqslant M$，干扰个数超过阵列的自由度，则有系统不能形成零点的干扰存在，即超自由度情况下，系统不能对付所有干扰。虚拟阵列相当于增加了原阵列的自由度，只要保证 $P < 2M$，即使原阵列阵元数小于干扰数，也能够在所有干扰方向形成零陷，有效地对抗所有干扰。

3.2.3 相关分析及改进

1. 协方差矩阵

在高斯白噪声背景下，设实际阵元接收的期望信号功率为 σ_0^2，第 p 个干扰信号的功率为 σ_p^2 ($p=1,2,\cdots,P$)，噪声功率为 σ_n^2，信号之间互不相关，信号和噪声互不相关，则虚拟阵列接收信号的协方差矩阵为

$$\boldsymbol{R}_{\bar{x}} = \mathrm{E}[\bar{\boldsymbol{x}}(t)\,\bar{\boldsymbol{x}}^{\mathrm{H}}(t)] = \boldsymbol{B}\boldsymbol{R}_{s_r}\boldsymbol{B}^{\mathrm{H}} + \boldsymbol{R}_{\bar{n}} = \sum_{p=0}^{P}\sigma_p^2\boldsymbol{b}(\theta_p,\varphi_p)\,\boldsymbol{b}^{\mathrm{H}}(\theta_p,\varphi_p) + \boldsymbol{R}_{\bar{n}} \tag{3.28}$$

式中：$\boldsymbol{R}_{s_r} = \mathrm{E}[s_r(t)\,s_r^{\mathrm{H}}(t)]$；$R_{\bar{n}}$ 为虚拟阵列的噪声协方差矩阵，有

$$\begin{aligned}\boldsymbol{R}_{\bar{n}} &= \mathrm{E}[\bar{\boldsymbol{n}}(t)\,\bar{\boldsymbol{n}}^{\mathrm{H}}(t)] = \begin{bmatrix}\mathrm{E}[\boldsymbol{J}_M\boldsymbol{n}^*(t)\,\boldsymbol{n}^{\mathrm{T}}(t)\,\boldsymbol{J}_M] & \mathrm{E}[\boldsymbol{J}_M\boldsymbol{n}^*(t)\,\boldsymbol{n}^{\mathrm{H}}(t)]\\ \mathrm{E}[\boldsymbol{n}(t)\,\boldsymbol{n}^{\mathrm{T}}(t)\,\boldsymbol{J}_M] & \mathrm{E}[\boldsymbol{n}(t)\,\boldsymbol{n}^{\mathrm{H}}(t)]\end{bmatrix}\\ &= \sigma_n^2\begin{bmatrix}\boldsymbol{I}_M & \boldsymbol{J}_M\\ \boldsymbol{J}_M & \boldsymbol{I}_M\end{bmatrix} = \sigma_n^2(\boldsymbol{I}_N+\boldsymbol{J}_N) = \sigma_n^2\boldsymbol{\rho}_{\bar{n}}\end{aligned} \tag{3.29}$$

式中：$\boldsymbol{\rho}_{\bar{n}} = \boldsymbol{I}_N + \boldsymbol{J}_N$ 为虚拟阵列的归一化噪声协方差矩阵。

由式(3.29)可见，扩展阵列的同时引入了相关噪声，而噪声间的相关性引起了噪声协方差矩阵 $\boldsymbol{R}_{\bar{n}}$ 的秩亏损，有

$$\mathrm{rank}(\boldsymbol{R}_{\bar{n}}) = M < 2M \tag{3.30}$$

又由于

$$\mathrm{rank}(\boldsymbol{B}\boldsymbol{R}_{s_r}\boldsymbol{B}^{\mathrm{H}}) = P+1 \tag{3.31}$$

可得

$$\mathrm{rank}(\boldsymbol{R}_{\bar{x}}) \leqslant M+P+1 \tag{3.32}$$

因此，信号源个数满足 $P+1>M$ 时，才有可能使虚拟阵列的数据协方差矩阵满秩。为了避免出现不满秩的情况，对 $\boldsymbol{R}_{\bar{x}}$ 加载一个极小的量，令

$$\boldsymbol{R}_d = \boldsymbol{R}_{\bar{x}} + \eta\boldsymbol{I}_N,\quad |\eta|<1 \tag{3.33}$$

利用 $\boldsymbol{R}_d$ 代替 $\boldsymbol{R}_{\bar{x}}$ 得到虚拟阵列的自适应权矢量为

$$\bar{\boldsymbol{w}} = \frac{\boldsymbol{R}_d^{-1}b(\theta_0,\varphi_0)}{b^{\mathrm{H}}(\theta_0,\varphi_0)\boldsymbol{R}_d^{-1}b(\theta_0,\varphi_0)} \tag{3.34}$$

2. 阵列增益

在得到了权矢量以后，虚拟阵列的输出功率为

$$\sigma_{\bar{y}}^2 = \mathrm{E}[\bar{\boldsymbol{y}}(t)\bar{\boldsymbol{y}}^{\mathrm{H}}(t)] = \bar{\boldsymbol{w}}^{\mathrm{H}}\boldsymbol{R}_{\bar{x}}\bar{\boldsymbol{w}} = \bar{\boldsymbol{w}}^{\mathrm{H}}\boldsymbol{R}_0\bar{\boldsymbol{w}} + \bar{\boldsymbol{w}}^{\mathrm{H}}\boldsymbol{R}_i\bar{\boldsymbol{w}} + \bar{\boldsymbol{w}}^{\mathrm{H}}\boldsymbol{R}_{\bar{n}}\bar{\boldsymbol{w}} \tag{3.35}$$

式中：$\boldsymbol{R}_0 = \sigma_0^2\boldsymbol{b}(\theta_0,\varphi_0)\boldsymbol{b}^{\mathrm{H}}(\theta_0,\varphi_0)$；$\boldsymbol{R}_i = \sum_{p=1}^{P}\sigma_p^2\boldsymbol{b}(\theta_P,\varphi_p)\boldsymbol{b}^{\mathrm{H}}(\theta_p,\varphi_p)$。

可以得到虚拟阵列的输出 SINR 为

$$\mathrm{SINR}_{\mathrm{out}} = \frac{\bar{\boldsymbol{w}}^{\mathrm{H}}\boldsymbol{R}_0\bar{\boldsymbol{w}}}{\bar{\boldsymbol{w}}^{\mathrm{H}}\boldsymbol{R}_i\bar{\boldsymbol{w}} + \bar{\boldsymbol{w}}^{\mathrm{H}}\boldsymbol{R}_{\bar{n}}\bar{\boldsymbol{w}}} \tag{3.36}$$

由于 $\boldsymbol{R}_{\bar{n}} = \sigma_n^2(\boldsymbol{I}_N + \boldsymbol{J}_N)$，则虚拟阵列的阵列增益为

$$\bar{G} = \frac{|\bar{\boldsymbol{w}}^{\mathrm{H}}\boldsymbol{b}(\theta_0,\varphi_0)|^2}{\bar{\boldsymbol{w}}^{\mathrm{H}}(\boldsymbol{R}_i/\sigma_n^2 + \boldsymbol{I}_N + \boldsymbol{J}_N)\bar{\boldsymbol{w}}} \tag{3.37}$$

从式(3.37)可以看出，虚拟阵列的输出噪声功率由两部分组成：一部分是白噪声的输出功率；另一部分是由于噪声的相关性引入的附加项 $\bar{\boldsymbol{w}}^{\mathrm{H}}\boldsymbol{J}_N\bar{\boldsymbol{w}}$，则

$$\bar{\boldsymbol{w}}^{\mathrm{H}}\boldsymbol{J}_N\bar{\boldsymbol{w}} = \sum_{m=1}^{M}(\bar{w}_m^2 + \bar{w}_{-m}^2) = \sum_{m=1}^{M}2\alpha_m^2\sin(2\beta_m) \leqslant \sum_{m=1}^{M}\alpha_m^2 = \bar{\boldsymbol{w}}^{\mathrm{H}}\boldsymbol{I}_N\bar{\boldsymbol{w}} \tag{3.38}$$

因此，可以推出

$$\bar{G} = \frac{|\bar{\boldsymbol{w}}^{\mathrm{H}}\boldsymbol{b}(\theta_0,\varphi_0)|^2}{\bar{\boldsymbol{w}}^{\mathrm{H}}(\boldsymbol{R}_i/\sigma_n^2 + \boldsymbol{I}_N + \boldsymbol{J}_N)\bar{\boldsymbol{w}}} \geqslant \frac{1}{2}\frac{|\bar{\boldsymbol{w}}^{\mathrm{H}}\boldsymbol{b}(\theta_0,\varphi_0)|^2}{\bar{\boldsymbol{w}}^{\mathrm{H}}(\boldsymbol{R}_i/\sigma_n^2 + \boldsymbol{I}_N)\bar{\boldsymbol{w}}} = \frac{1}{2}\bar{G}_{iw} \tag{3.39}$$

式中：$\bar{G}_{iw}$ 表示存在干扰信号、噪声为白噪声时的虚拟阵列的阵列增益。

采用 MVDR 加权方式时，由于 $\bar{G}_{iw} \approx \bar{G}_w = 2M$，这里 $\bar{G}_w$ 表示无干扰信号时虚拟阵列的白噪声增益。接收噪声为白噪声时，基阵增益满足 $G = G_{iw} \approx G_w = M$，因此，可以得出

$$\bar{G} \geqslant G \tag{3.40}$$

可以看出，虚拟阵列的阵列增益要优于基阵。实际上，由于 $\bar{\boldsymbol{w}}^{\mathrm{H}}\boldsymbol{J}_N\bar{\boldsymbol{w}}$ 的正、负取决于权矢量，而权矢量又与信号的入射方向和初始相位有关。因此，随着期望信号入射方向和初始相位的不同，相关噪声可能增大也可能减小阵列的输出信噪比，即虚拟阵列的阵列增益甚至可能大于同样阵列形式的接收信号为白噪声时的增益。

3.2.4 快速实现方法

经过扩展以后的阵列具有比原阵列更好的性能,但是由于阵元数的增加,使自适应权矢量的计算量也随之增加,这在计算能力有限且对实时性要求较高的高动态环境中是极其不利的。下面利用虚拟阵列数据协方差矩阵的特点,给出一种实数化的快速算法。

由于 $\bar{\boldsymbol{x}}(t)$ 满足 $\bar{\boldsymbol{x}}(t) = \boldsymbol{J}_N \bar{\boldsymbol{x}}^*(t)$, 即 $\bar{\boldsymbol{x}}(t)$ 为共轭对称矢量,则

$$\boldsymbol{J}_N \boldsymbol{R}_{\bar{x}}^* \boldsymbol{J}_N = \mathrm{E}[\boldsymbol{J}_N \bar{\boldsymbol{x}}^*(t) \bar{\boldsymbol{x}}^{\mathrm{T}}(t) \boldsymbol{J}_N] = \mathrm{E}[\bar{\boldsymbol{x}}(t) \bar{\boldsymbol{x}}^{\mathrm{H}}(t)] = \boldsymbol{R}_{\bar{x}} \tag{3.41}$$

即 $\boldsymbol{R}_{\bar{x}}$ 是广对称的 Hermitian 矩阵,因此,可以通过酉变换将其转换成实数矩阵,这是原阵列的数据协方差矩阵不具备的性质。如果将对复数矩阵的求解转换成对实数矩阵的求解,就可以大大减少计算量。下面给出利用实数计算 $\boldsymbol{R}_{\bar{x}}$ 的方法。

定义酉变换矩阵为

$$\boldsymbol{Q} = \frac{1}{\sqrt{2}}\begin{bmatrix} \boldsymbol{I}_M & \mathrm{j}\boldsymbol{I}_M \\ \boldsymbol{J}_M & -\mathrm{j}\boldsymbol{J}_M \end{bmatrix} \tag{3.42}$$

式中:$\boldsymbol{I}$ 表示单位矩阵;下标表示其维数。

式(3.42)定义的酉变换矩阵 $\boldsymbol{Q}$ 有一个重要的性质,通过左乘 $\boldsymbol{Q}^{\mathrm{H}}$ 可以将一个共轭对称矢量变为实矢量。因此,对于 $\bar{\boldsymbol{x}}(t)$ 令

$$\bar{\boldsymbol{x}}_Q(t) = \boldsymbol{Q}^{\mathrm{H}} \bar{\boldsymbol{x}}(t) \tag{3.43}$$

则 $\bar{\boldsymbol{x}}_Q(t)$ 为实数矢量,其对应的协方差矩阵 $\boldsymbol{R}_Q$ 为

$$\boldsymbol{R}_Q = \mathrm{E}[\bar{\boldsymbol{x}}_Q(t) \bar{\boldsymbol{x}}_Q^{\mathrm{H}}(t)] = \mathrm{E}[\boldsymbol{Q}^{\mathrm{H}} \bar{\boldsymbol{x}}(t) \bar{\boldsymbol{x}}^{\mathrm{H}}(t) \boldsymbol{Q}] = \boldsymbol{Q}^{\mathrm{H}} \boldsymbol{R}_{\bar{x}} \boldsymbol{Q} \tag{3.44}$$

因此有

$$\boldsymbol{R}_{\bar{x}} = \boldsymbol{Q} \boldsymbol{R}_Q \boldsymbol{Q}^{\mathrm{H}} \tag{3.45}$$

由式(3.45)可以看出,只需估计出实数矢量 $\bar{\boldsymbol{x}}_Q(t)$ 的协方差矩阵 $\boldsymbol{R}_Q$, 就可以得到虚拟阵列的数据协方差矩阵 $\boldsymbol{R}_{\bar{x}}$, 这将计算数据协方差矩阵的运算量降低了 75% 。在后续的自适应权求解中,对于加载后的协方差矩阵 $\boldsymbol{R}_d$, 有

$$\boldsymbol{R}_d = \boldsymbol{R}_{\bar{x}} + \eta \boldsymbol{I}_N = \boldsymbol{Q} \boldsymbol{R}_Q \boldsymbol{Q}^{\mathrm{H}} + \eta \boldsymbol{I}_N = \boldsymbol{Q}(\boldsymbol{R}_Q + \eta \boldsymbol{I}_N) \boldsymbol{Q}^{\mathrm{H}} \tag{3.46}$$

对 $\boldsymbol{R}_d$ 求逆可得

$$\boldsymbol{R}_d^{-1} = [\boldsymbol{Q}(\boldsymbol{R}_Q + \eta \boldsymbol{I}_N) \boldsymbol{Q}^{\mathrm{H}}]^{-1} = \boldsymbol{Q} (\boldsymbol{R}_Q + \eta \boldsymbol{I}_N)^{-1} \boldsymbol{Q}^{\mathrm{H}} \tag{3.47}$$

这样就将对复数矩阵 $\boldsymbol{R}_d$ 的求逆问题转换成了对实数矩阵 $\boldsymbol{R}_Q + \eta \boldsymbol{I}_N$ 的求逆问题,

将求逆的运算量降低了75%。

目前,很多稳健的自适应波束形成方法中还有需要对数据协方差矩阵的特征分解运算,而采用实数化的矩阵也可以将特征分解的运算量降低75%。由于变换矩阵 $\boldsymbol{Q}$ 是酉矩阵,因此,$\boldsymbol{R}_{\bar{x}}$ 与 $\boldsymbol{R}_Q$ 具有相同的特征值。对两个矩阵分别进行特征值分解,有

$$\begin{cases}\boldsymbol{R}_{\bar{x}} = \boldsymbol{U}\boldsymbol{\Lambda}\boldsymbol{U}^{\mathrm{H}} \\ \boldsymbol{R}_Q = \boldsymbol{V}\boldsymbol{\Lambda}\boldsymbol{V}^{\mathrm{H}}\end{cases} \tag{3.48}$$

式中:$\boldsymbol{\Lambda}$ 为特征值构成的对角矩阵;$\boldsymbol{U}$、$\boldsymbol{V}$ 分别为 $\boldsymbol{R}_{\bar{x}}$、$\boldsymbol{R}_Q$ 的特征矢量组成的 $N \times N$ 维矩阵,则

$$\boldsymbol{U}\boldsymbol{\Lambda}\boldsymbol{U}^{\mathrm{H}} = \boldsymbol{Q}\boldsymbol{V}\boldsymbol{\Lambda}\boldsymbol{V}^{\mathrm{H}}\boldsymbol{Q}^{\mathrm{H}} \tag{3.49}$$

因此有

$$\boldsymbol{U} = \boldsymbol{Q}\boldsymbol{V} \tag{3.50}$$

这样,通过对 $\boldsymbol{R}_Q$ 进行特征值分解就可以得到 $\boldsymbol{R}_{\bar{x}}$ 的特征值和特征矢量,大大节省了特征分解的运算量。

3.2.5 计算机仿真

例3.1 虚拟阵列的波束性能。

考虑6阵元等距线阵,阵元间距为半波长,一个有用信号和若干个干扰信号入射到阵列上,期望信号的入射方向为0°,初始相位为0°,信噪比为0,干扰噪声比都为30dB,信号之间互不相关,噪声为高斯白噪声。

设有2个干扰信号入射,入射方向分别为40°、-30°,初始相位分别为0°、-20°,此时,干扰个数小于基阵的自由度。由于虚拟阵列将初始相位也等效成了波达方向的一个参数,其方向性函数中有 θ、φ 两个变量,因此,对应的波束图为三维的。图3.3画出了 $K=\infty$ 时虚拟阵列的三维波束图。图3.4所示为三维图中截取的期望信号和干扰信号初始相位的平面波束图。从图中可以看出,虚拟阵列波束在 $\varphi = \varphi_0$ 的平面将主瓣指向了期望信号,但在 $\varphi \neq \varphi_0$ 的平面主瓣发生了偏移,这是由于虚拟阵列的波束图形状不仅取决于方位,还受初始相位影响,但由于期望信号的初始相位为 φ_0。因此,在 $\varphi \neq \varphi_0$ 平面的主瓣偏移并不影响对期望信号的正常接收。这对于干扰信号同样适用,虽然虚拟阵列不能在所有初始相位平面对干扰方向形成零陷,但在 φ 分别为2个干扰信号的初始相位0°、-20°的平面,方位域波束分别在40°、-30°的干扰方向形成了零陷,这样就有效抑制了2个干扰信号。有限快拍时的波束旁瓣水平和干扰处的零陷水平会比理论值要高些,但只要快拍数不是很少,也可以有效地抑制干扰信号,这同基

阵的性能相似。比较图3.4中虚拟阵列的波束性能和图3.5(a)中基阵的波束性能也可以看出,两者在干扰方向的零陷深度基本一致,但虚拟阵列的主瓣宽度要窄,指向性更好。

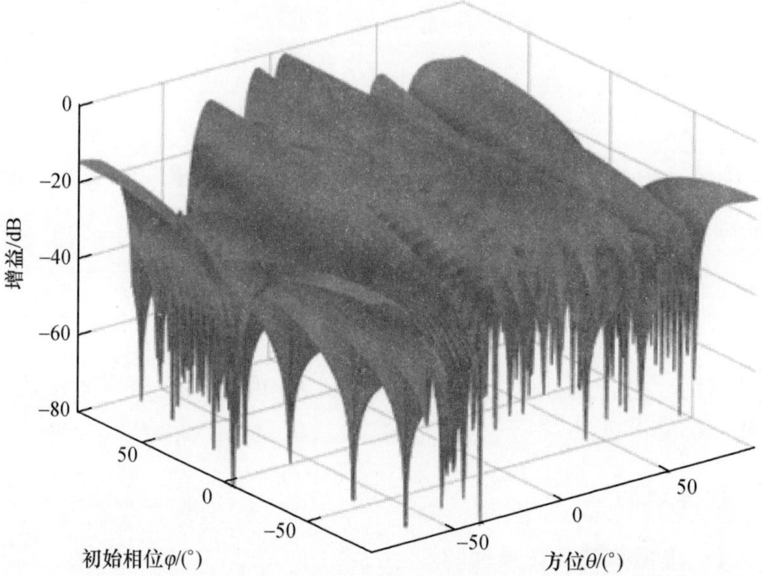

图3.3 干扰数小于自由度时虚拟阵列的三维波束图

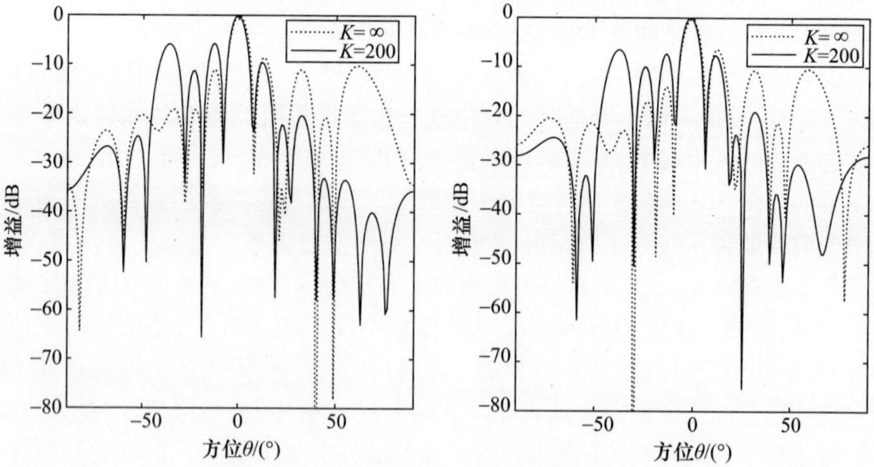

图3.4 干扰数小于自由度时虚拟阵列方位域波束图

(a) $\varphi=0°$的平面; (b) $\varphi=-20°$的平面。

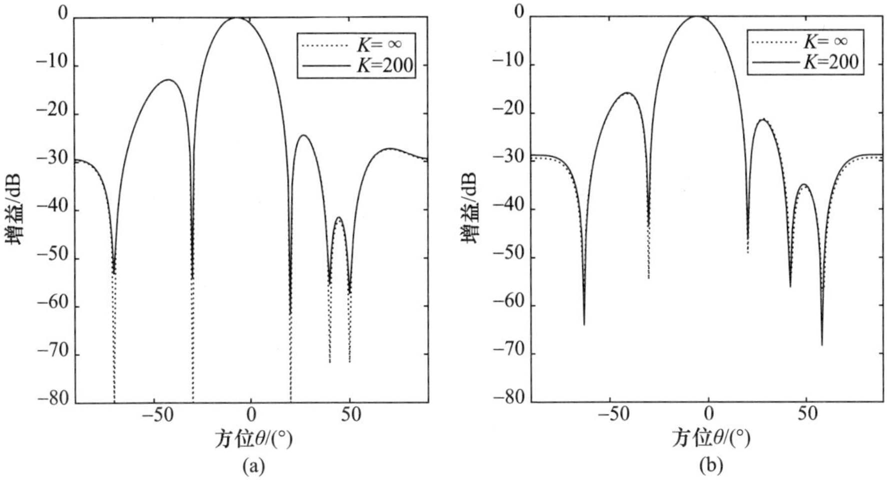

图 3.5 基阵波束图

(a)干扰数小于自由度时；(b)干扰数大于自由度时。

考虑干扰数大于阵列自由度时，设有 6 个干扰信号入射，入射方向分别 40°、-30°、20°、50°、-70°、-60°，初始相位分别为 0°、-20°、40°、10°、40°、10°，其他条件同例 3.1。原理上当干扰个数超过系统自由度时，自适应抗干扰系统不能正常工作，仿真结果也很好地证明了这一点。图 3.5(b)中的基阵波束根本不能准确在每个干扰方向形成零点。图 3.6 为期望信号和干扰信号方向的初始相位平面对应的方位域波束图。由图可以看出，虚拟阵列在 $\varphi = 0°$ 的平面主瓣指向了期望信号，同时在初始相位也为 0°的干扰信号方向 40°处形成了零陷，$\varphi = -20°$的平面在 -30°的干扰方向形成了零陷，$\varphi = 40°$的平面在 -70°和 20°

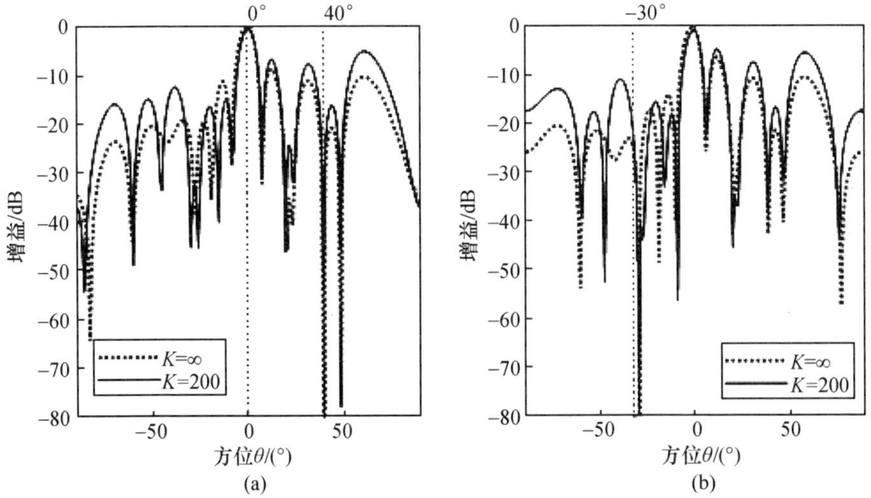

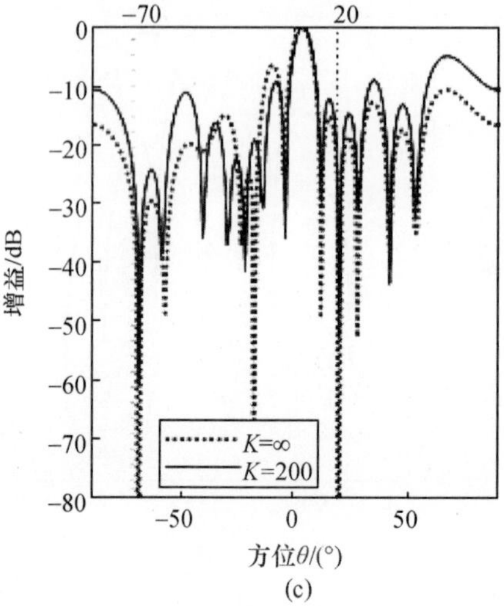

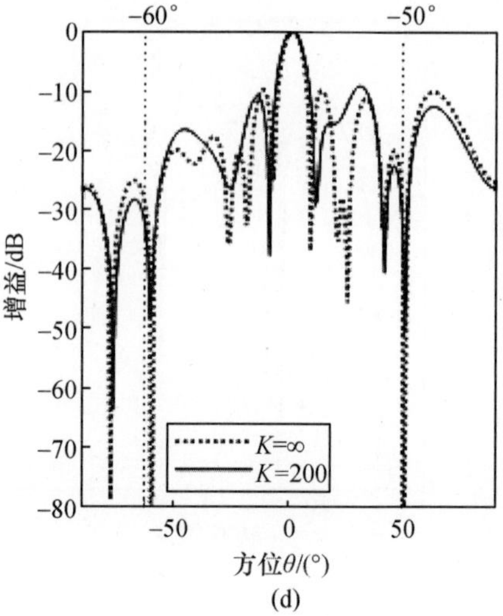

图 3.6 干扰数大于自由度时虚拟阵列方位域波束图

(a) φ =0°的平面; (b) φ = -20°的平面; (c) φ =40°的平面; (d) φ =10°的平面。

的干扰方向形成了零陷，φ =10°的平面在 -60°和 50°的干扰方向形成了零陷。由此可见，虚拟阵列抑制了全部干扰信号。在快拍数取无穷时，虚拟阵列在干扰处的零陷深度可以超过 -80dB，而在 $K=200$ 时，自适应零陷会浅些，但与基阵相比，抗干扰能力已经大大提高。

例 3.2 虚拟阵列的输出性能。

分别对 2 个干扰和 6 个干扰时虚拟阵的输出性能进行仿真，并与 6 元基阵进行比较，在无特殊说明的情况下，仿真条件同例 3.1。

由于相关噪声的引入使虚拟阵列的输出 SINR 不仅与输入 SNR 有关，还与期望信号的入射方向和初始相位有关。图 3.7 和图 3.8 分别画出了 SNR =0 时虚拟阵列的输出 SINR 与期望信号入射方向和初始相位的关系曲线。可以看出，在干扰数小于自由度时，除特定初始相位和入射方向时(如 $\theta_0 = 0°$，$\varphi_0 = 0°$ 时，这时，式(3.38)中的"≤"取"="，因此，$\bar{G} \approx G$)，虚拟阵列对阵列增益的改善不明显外，其他情况下其阵增益都高于 6 元基阵；在干扰数大于自由度时，由于基阵的阵列增益损失比较大，无论期望信号的初始相位和入射方向如何，虚拟阵列的输出性能都大大优于原阵列。

图 3.9 画出了不同期望信号入射方向和初始相位时虚拟阵列的输出 SINR 随输入 SNR 变化曲线，从图中也可以看出，在快怕数取∞的理想情况下，除了图 3.9(a)中干扰数小于自由度，且期望信号初始相位和入射方向都为 0°时的虚拟阵列的输出性能同基阵相当以外，其他情况下，虚拟阵列的输出 SINR 都远

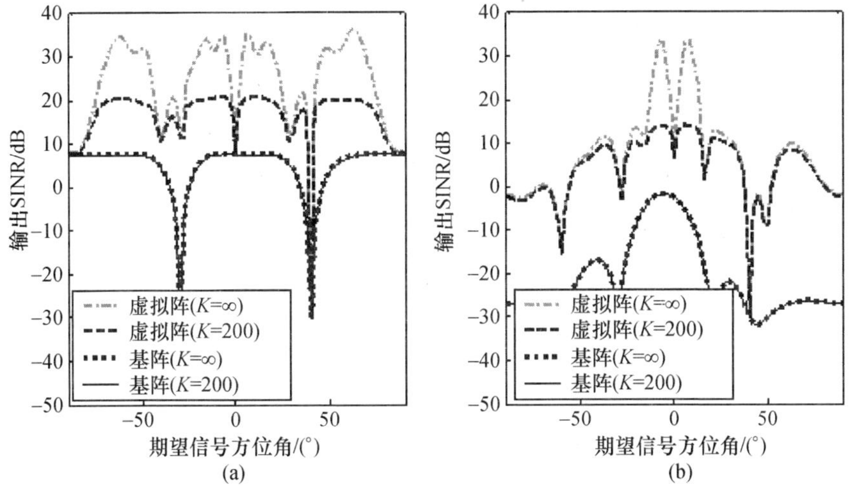

图 3.7　$\varphi_0=0°$时虚拟阵列输出 SINR 随 θ_0 变化曲线

(a)2 个干扰时；(b)6 个干扰时。

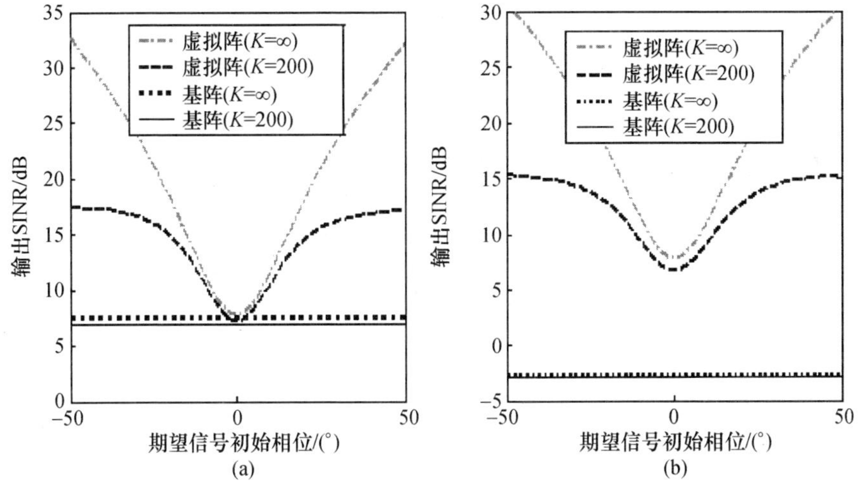

图 3.8　$\theta_0=0°$时虚拟阵列输出 SINR 随 φ_0 变化曲线

(a)2 个干扰时；(b)6 个干扰时。

远高于实际阵列，这同理论分析是一致的。在快拍数较少时，如果 SNR 不是很高，则虚拟阵列与基阵增益的大小关系同理想情况下是一致的。在输入 SNR 较高时，由于在干扰处的零陷很浅，输出干扰功率不可忽略，这样就不能采用 $\bar{G}_{iw}\approx\bar{G}_w$ 和 $G_{iw}\approx G_w$ 两个近似式，实际应为 $1/\bar{G}_{iw}=1/\bar{G}_w+1/\bar{G}_i$ 和 $1/G_{iw}=1/G_w+1/G_i$，这里 $\bar{G}_i$ 和 G_i 分别表示虚拟阵列和基阵的输出信号功率与干扰功率之比，因此，有 $1/G - 1/\bar{G} = 1/G_{iw} - 2/\bar{G}_{iw} = (1/G_w - 2/\bar{G}_w) + (1/G_i - 2/\bar{G}_i)$。由此可见，此时即使 $\bar{G}_w > G_w/2$，$\bar{G}$ 和 G 的大小还要看 G_i 和 $\bar{G}_i$，如果虚拟阵列的干扰零陷小于 2 倍基阵的干扰零陷，即 $\bar{G}_i < 2G_i$，就可能造成 $\bar{G} < G$ 的情况。

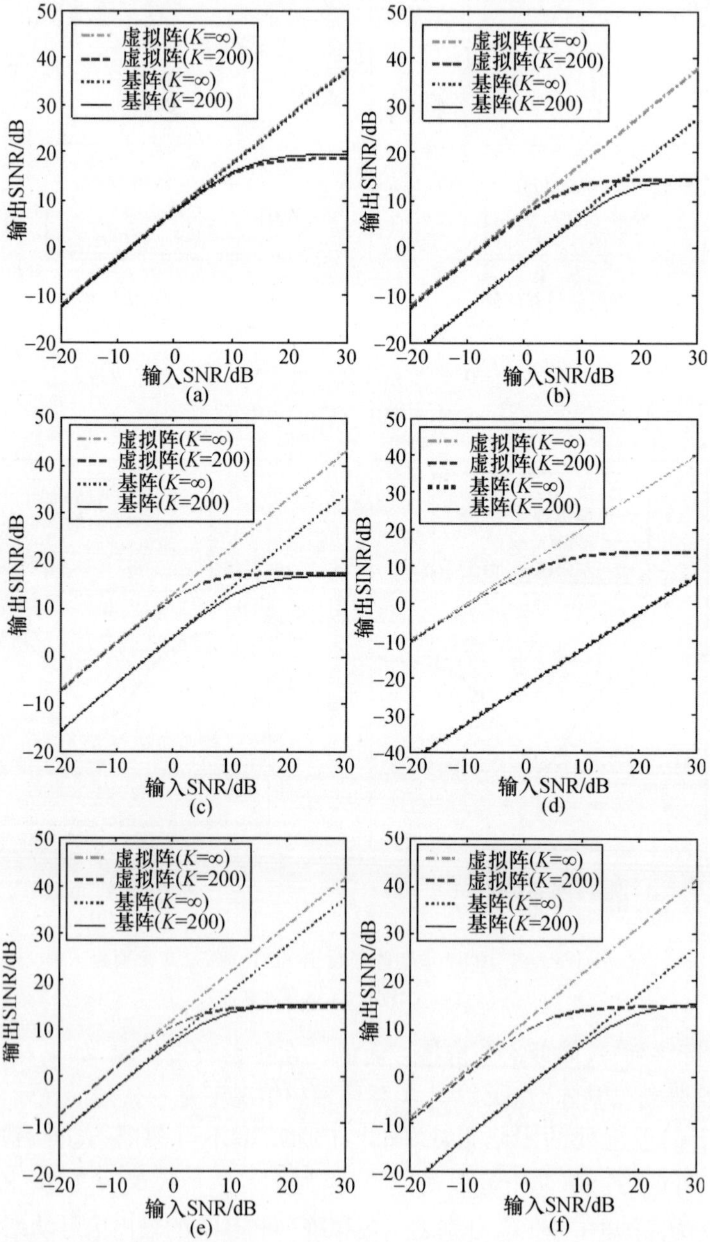

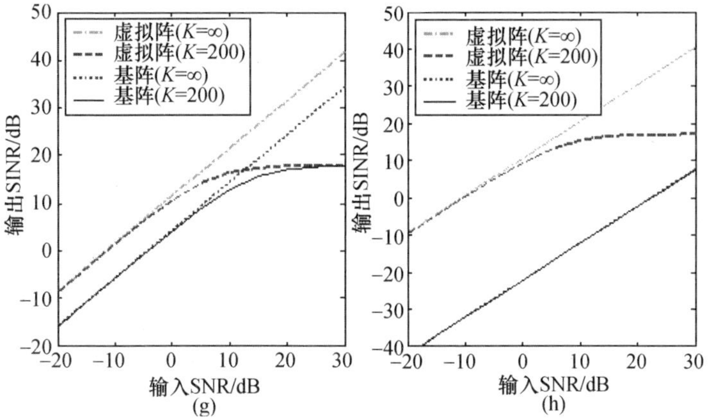

图 3.9 虚拟阵列输出 SINR 随输入 SNR 变化曲线

(a)2 个干扰, $\theta_0=0°$, $\varphi_0=0°$; (b)6 个干扰, $\theta_0=0°$, $\varphi_0=0°$; (c)2 个干扰, $\theta_0=30°$, $\varphi_0=0°$; (d)6 个干扰, $\theta_0=30°$, $\varphi_0=0°$; (e)2 个干扰, $\theta_0=0°$, $\varphi_0=10°$; (f)6 个干扰, $\theta_0=0°$, $\varphi_0=10°$; (g)2 个干扰, $\theta_0=30°$, $\varphi_0=10°$; (h)6 个干扰, $\theta_0=30°$, $\varphi_0=10°$。

从理论分析和仿真实验中都可以看出,构造的虚拟阵列进行自适应波束形成时,由于等效的阵列孔径增大,因此具有更好的指向性、更高的分辨率和阵列增益,并且由于等效的自由度增大,可以对抗的干扰数也更多。该虚拟阵列的构造方法简单容易实现,应用在接收信号为非圆信号的小阵元数的高动态飞行器中,可以解决小阵列指向性差、阵增益小、干扰抑制能力有限的问题,大大改善波束形成的性能。

3.3 共形圆阵的虚拟阵列波束形成

共形阵是阵列单元位于空间曲面上的阵列天线,与线阵列、传统的平面阵列相比,共形阵列有着自身独特的优越性能,如安装在飞行器表面对飞行器表面空气动力学性能的影响很小,易于扩展天线波束的扫描范围等[133-134]。因此,各种先进的飞行器为了获得更高的性能,采用共形阵已成为趋势。

均匀圆阵(UCA)是一种常用的共形阵,相对于等距线阵它有很多优点,如可360°全方位处理信号,在各个方向上有相同的分辨率等。在飞行器实际飞行过程中,由于载体的遮挡,整个阵列中一般只有部分阵元对某方向的波束起作用,实际参与波束形成的阵元数很少,分辨率和阵增益都较低。为了克服这种局限性,本节提出了一种共形圆阵的虚拟阵列扩展方法,旨在改善基阵指向性,提高阵列增益。

3.3.1 均匀圆阵模型分析

假设一半径为 R、阵元数为 N 的均匀圆阵,一窄带信号 $s(t)$ 以 (φ,θ) 的方

向入射,第 m 个阵元和参考点接收到的信号之间的相位差为[135]

$$\psi_m = \frac{2\pi R}{\lambda}\sin\theta\cos(\varphi - \beta_m) = \frac{2\pi R}{\lambda}\sin\theta\cos\left(\varphi - m\frac{2\pi}{N}\right) \tag{3.51}$$

第 m 个阵元接收到信号可以表示为

$$x_m(t) = s(t)a_m(\varphi,\theta) + n_m(t) \tag{3.52}$$

式中: $a_m(\varphi,\theta) = e^{j\varphi_m} = e^{j\frac{2\pi}{\lambda}R\sin\theta\cos(\varphi-\frac{m}{N}2\pi)}$; $n_m(t)$ 为噪声。

将第 m 个阵元的加权系数表示为 $w_m = A_m e^{j\alpha_m}$, 要使阵列的波束指向 (φ_0, θ_0) 方向,可以令

$$\alpha_m = \frac{2\pi R}{\lambda}\sin\theta_0\cos\left(\varphi_0 - \frac{m}{M}2\pi\right) \tag{3.53}$$

那么,均匀圆阵列天线的方向图函数可以为

$$F(\varphi,\theta) = \left|\sum_{m=0}^{N-1} w_m^* a_m(\varphi,\theta)\right| = \left|\sum_{m=0}^{N-1} A_m e^{j\frac{2\pi}{\lambda}R[\sin\theta\cos(\varphi-\frac{m}{M}2\pi)-\sin\theta_0\cos(\varphi_0-\frac{m}{M}2\pi)]}\right| \tag{3.54}$$

在共形圆阵应用在飞行器上时,由于载体的遮挡,一般只有部分圆弧上的阵元对某方向的波束起作用。设某时刻起作用的阵元数为 M,则实际方向性函数为

$$F_M(\varphi,\theta) = \left|\sum_{m=0}^{M-1} A_m e^{j\frac{2\pi}{\lambda}R[\sin\theta\cos(\varphi-\frac{m}{M}2\pi)-\sin\theta_0\cos(\varphi_0-\frac{m}{M}2\pi)]}\right| \tag{3.55}$$

图 3.10 为间距 $d_{cir}=\lambda/2$ 的 24 元均匀圆形阵列和某时刻工作的 8 个阵元的波束图比较。设期望信号方向为(90°,50°),可以看出,部分阵元工作时波束主瓣变宽,旁瓣水平升高,波束形成的性能严重下降。

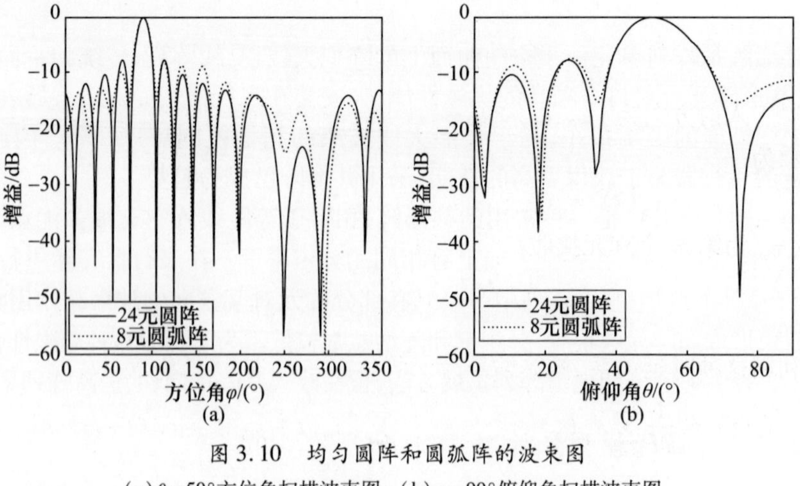

图 3.10 均匀圆阵和圆弧阵的波束图

(a) $\theta=50°$ 方位角扫描波束图; (b) $\varphi=90°$ 俯仰角扫描波束图。

3.3.2 阵列扩展方法

圆阵列各阵元的相位关系是非线性的，相移法之所以能够利用阵元接收信号之间的乘法、除法以及求共轭运算，是因为在线阵列中其可以等效成相位的加、减和取反，这在圆阵列中是不适用的。对于线性预测法，是在原阵列相位满足线性关系的基础上的，也不适用于圆阵列。延时求和法只要能计算出阵元间的延时量就可以，因此，我们采用延时求和法对某时刻工作的部分圆弧阵进行扩展。

以某时刻工作的 M 个阵元作为基阵，根据信号到达每个基元的时间不同，利用这种时延关系将 M 个实际阵元向外扩展，得到虚拟阵元的接收信号。如图 3.11 所示，其中实心圆表示实际阵元，空心圆表示虚拟阵元，虚拟阵元数为 $L-M$，其编号为 $M, M+1, \cdots, L-1$，构成虚拟阵列总阵元数为 $L(L \leqslant N)$。

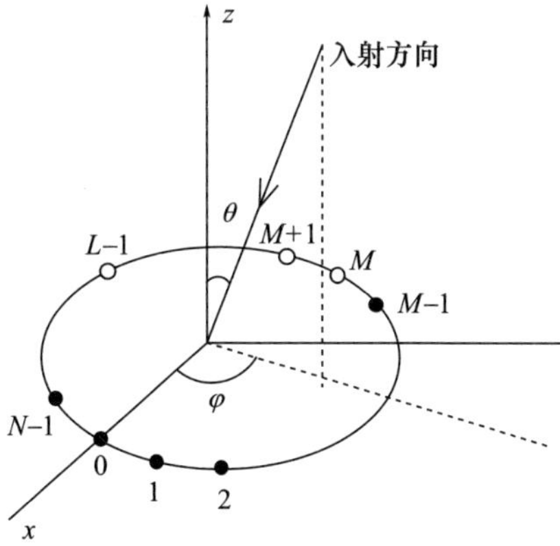

图 3.11 虚拟圆阵列示意图

对于入射方向为 (φ_0, θ_0) 的信号 $s(t)$，实际阵列中第 m 个阵元接收信号可以表示为

$$x_m(t) = s_m(t) + n_m(t) = s(t - \tau_m) + n_m(t) \tag{3.56}$$

式中：τ_m 为第 m 个阵元接收信号相对于参考点的时延，有

$$\tau_m = \frac{R}{c}\sin\theta_0\cos\left(\varphi_0 - \frac{m}{N}2\pi\right) \tag{3.57}$$

利用这种时延关系，构造编号为 n 的虚拟阵元的接收信号为

$$x_n(t) = \frac{1}{M}\sum_{m=0}^{M-1} x_m(t - \tau_{mn}) = \frac{1}{M}\sum_{m=0}^{M-1}[s_m(t - \tau_{mn}) + n_m(t - \tau_{mn})] \tag{3.58}$$

其中

$$\tau_{mn} = \tau_n - \tau_m = \frac{R}{c}\sin\theta_0\left[\cos\left(\varphi_0 - \frac{n}{N}2\pi\right) - \cos\left(\varphi_0 - \frac{m}{N}2\pi\right)\right] \tag{3.59}$$

表示信号到达虚拟阵元 n 和实际阵元 m 的时延,这样就通过对实际阵元接收信号的延时求和得到了虚拟阵元上的接收信号。由于

$$s_m(t - \tau_{mn}) = s(t - \tau_m - \tau_{mn}) = s(t - \tau_n) \tag{3.60}$$

令 $n_n(t) = \frac{1}{M}\sum_{m=0}^{M-1} n_m(t - \tau_{mn})$,则虚拟阵元接收信号可以表示为

$$x_n(t) = s(t - \tau_n) + n_n(t) \tag{3.61}$$

由此可见,在理论上虚拟的第 n 号阵元与实际第 n 个阵元的接收数据的信号部分是相同的,这样将构造的 $L-M$ 个虚拟阵元与 M 个基元一起构成的虚拟阵列,就类似于在阵元为 N、半径为 R 的均匀圆阵中取连续的 L 个阵元构成的阵列。

在虚拟阵元信号中时间信息并没有丢失,可以为后续的信号处理提供数据。由于延时量只与基元分布位置、信号入射方向有关,而和信号频率无关,所以该方法可以处理宽带信号。

但是,同等距线阵的延时求和法一样,由于延时的取值是根据波达方向计算出来的,因此只适用于一个信号入射时。当有多个信号从不同方向入射时,延时量很难选择。如果延时量按期望信号方向计算,则虚拟阵列对于干扰信号方向等效的导向矢量就会产生错误,自适应波束形成就不能有效地抑制干扰。因此,这种虚拟阵列的构建方式更适用于非自适应的预成多波束天线中。

3.3.3 相关分析

1. 信噪比

若实际接收信号能量为 ${\sigma_s}^2$,噪声能量为 ${\sigma_n}^2$,由于信号与噪声不相关,各阵元噪声之间不相关,因此对于虚拟阵元信号有

$$\begin{aligned} D[x_n(t)] &= D\left[\frac{1}{M}\sum_{m=1}^{M} x_m(t - \tau_{mn})\right] \\ &= D\left[\frac{1}{M}\sum_{m=0}^{M-1}[s(t - \tau_m - \tau_{mn}) + n_m(t - \tau_{mn})]\right] \\ &= D\left[\frac{1}{M}\sum_{m=0}^{M-1} s(t - \tau_m - \tau_{mn})\right] + D\left[\frac{1}{M}\sum_{m=0}^{M-1} n_m(t - \tau_{mn})\right] \\ &= \sigma_s^2 + \frac{1}{M}\sigma_n^2 \end{aligned} \tag{3.62}$$

虚拟阵元信号的信噪比为

$$\mathrm{SNR} = 10\lg\left(\frac{\sigma_s^2}{\frac{1}{M}\sigma_n^2}\right) = 10\lg\frac{\sigma_s^2}{\sigma_n^2} + 10\lg M \tag{3.63}$$

从式(3.63)可以看出，虚拟阵元接收信号的信噪比比实际接收信号的信噪比提高了 $10\lg M$，但引入了相关噪声。

2. 阵列增益

阵元间的延迟可以用相移等效表示，整个阵列的接收数据可以表示为

$$\bar{\boldsymbol{x}}(t) = \begin{bmatrix} x_0(t) \\ x_1(t) \\ \vdots \\ x_{L-1}(t) \end{bmatrix} = \begin{bmatrix} s(t)\mathrm{e}^{\mathrm{j}\frac{2\pi R}{\lambda}\sin\theta_0\cos\varphi_0} \\ s(t)\mathrm{e}^{\mathrm{j}\frac{2\pi R}{\lambda}\sin\theta_0\cos(\varphi_0-\frac{1}{N}2\pi)} \\ \vdots \\ s(t)\mathrm{e}^{\mathrm{j}\frac{2\pi R}{\lambda}\sin\theta_0\cos(\varphi_0-\frac{L-1}{N}2\pi)} \end{bmatrix} + \begin{bmatrix} n_0(t) \\ n_1(t) \\ \vdots \\ n_{L-1}(t) \end{bmatrix} = \bar{\boldsymbol{a}}(\varphi_0,\theta_0)s(t) + \bar{\boldsymbol{n}}(t) \tag{3.64}$$

其中

$$\bar{\boldsymbol{a}}(\varphi_0,\theta_0) = [\mathrm{e}^{\mathrm{j}\frac{2\pi R}{\lambda}\sin\theta_0\cos\varphi_0}, \mathrm{e}^{\mathrm{j}\frac{2\pi R}{\lambda}\sin\theta_0\cos(\varphi_0-\frac{1}{N}2\pi)}, \cdots, \mathrm{e}^{\mathrm{j}\frac{2\pi R}{\lambda}\sin\theta_0\cos(\varphi_0-\frac{L-1}{N}2\pi)}]^{\mathrm{T}},$$

$$\bar{\boldsymbol{n}}(t) = [n_0(t), n_1(t), \cdots, n_{L-1}(t)]^{\mathrm{T}}$$

虚拟阵列接收的噪声协方差矩阵为

$$\boldsymbol{R}_{\bar{n}} = \mathrm{E}[\bar{\boldsymbol{n}}(t)\bar{\boldsymbol{n}}^{\mathrm{H}}(t)] = \sigma_n^2 \begin{bmatrix} 1 & \cdots & 0 & 1/M & \cdots & 1/M \\ \vdots & & \vdots & \vdots & & \vdots \\ 0 & \cdots & 1 & 1/M & \cdots & 1/M \\ 1/M & \cdots & 1/M & 1/M & \cdots & 1/M \\ \vdots & & \vdots & \vdots & & \vdots \\ 1/M & \cdots & 1/M & 1/M & \cdots & 1/M \end{bmatrix} = \sigma_n^2 \boldsymbol{\rho}_{\bar{n}} \tag{3.65}$$

式中：$\boldsymbol{\rho}_{\bar{n}}$ 为虚拟阵列的归一化噪声协方差矩阵。

由于虚拟阵元接收的噪声功率为 σ_n^2/M，因此，可以得出其噪声之间的相关系数为1，而虚拟阵元与实际阵元的噪声的相关系数为 $1/\sqrt{M}$。虚拟阵元接收噪声之间的强相关性是由于每个虚拟阵元都是由全部 M 个实阵元估计造成的。实际运用中可以采用一定的编码，在虚拟不同阵元时，只取其中 $K(K<M)$ 个阵元的延迟组合关系进行虚拟，这样可以减低虚拟阵元接收噪声之间的相关性，但是噪声功率会增加，因此需要综合考虑，以获得最大输出 SNR。

虚拟阵列的阵增益可以表示为

$$\overline{G} = \frac{|\overline{\boldsymbol{w}}^{\mathrm{H}}\overline{\boldsymbol{a}}(\varphi_0,\theta_0)|^2}{\overline{\boldsymbol{w}}^{\mathrm{H}}\boldsymbol{\rho}_{\bar{n}}\overline{\boldsymbol{w}}} \tag{3.66}$$

对于等阵元的实际阵列，由于其归一化噪声协方差矩阵为单位阵，因此，其在常规加权方式下的阵列增益只与阵元数有关，而虚拟阵列中由于引入的相关噪声，使得其阵列增益不仅与阵元数有关，还与期望信号的方向有关。实际上，采用延时求和法构造虚拟阵列时，虽然引入了相关噪声，但是由于虚拟阵列上的接收 SNR 增大。因此，构造的 L 元虚拟阵列的增益不一定比 L 元实际阵列的增益低。

3.3.4 计算机仿真

例 3.3 虚拟圆阵的性能。

设阵元数为 24 的均匀圆形阵列，阵列半径满足 $2\pi R/\lambda = 12(d_{\mathrm{cir}} = \lambda/2)$，期望信号方向为(90°,50°)，在某时刻其有效阵元数 $M = 8$。

利用虚拟阵元将其扩展为 20 个，比较扩展后的虚拟阵列与实际阵列波束图如图 3.12 所示。从图中可以看出，实际阵列的波束主瓣较宽，旁瓣水平较高，而虚拟阵列的波束主瓣宽度明显变窄，旁瓣水平也较低，最高旁瓣降低了 3dB 左右。阵列指向性得到显著改善，对干扰的抑制作用增强。

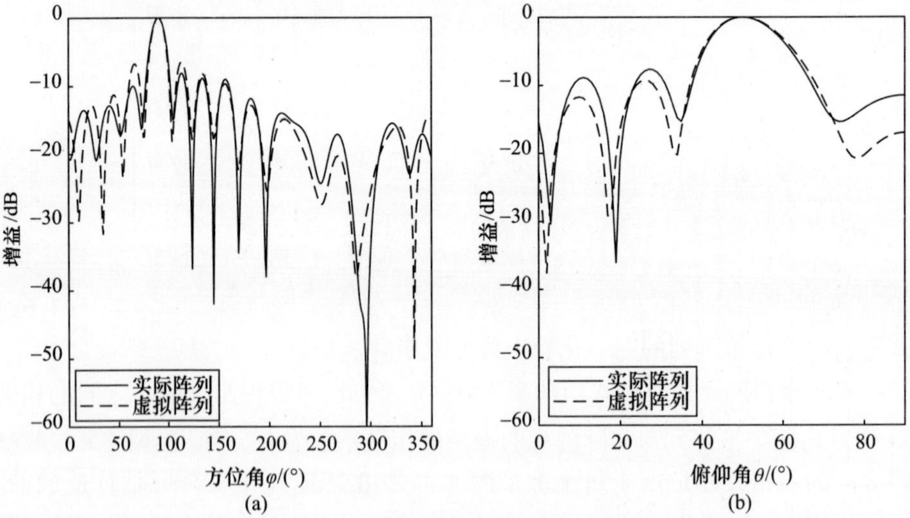

图 3.12 实际阵列和虚拟阵列波束图

(a) $\theta = 50°$ 方位角扫描波束图；(b) $\varphi = 90°$ 俯仰角扫描波束图。

图 3.13 比较了扩展后的阵元数为 16、20 和 24 的虚拟阵列的方位角和俯仰

角波束图，从图中可以看出，虚拟阵元波束形成的性能改善是与虚拟阵元的个数成正比的，随着阵元个数的增多，阵列指向性变好。但对圆弧基阵的虚拟扩展并不是无限的，其上限是其所处圆阵的阵元数目，当虚拟的阵元数超过这个数目时，其波束性能会有所下降，如图 3.14 所示。可以看出，虚拟阵列波束最好性能是当虚拟的阵元数等于基元所处均匀圆阵的阵元数目时。

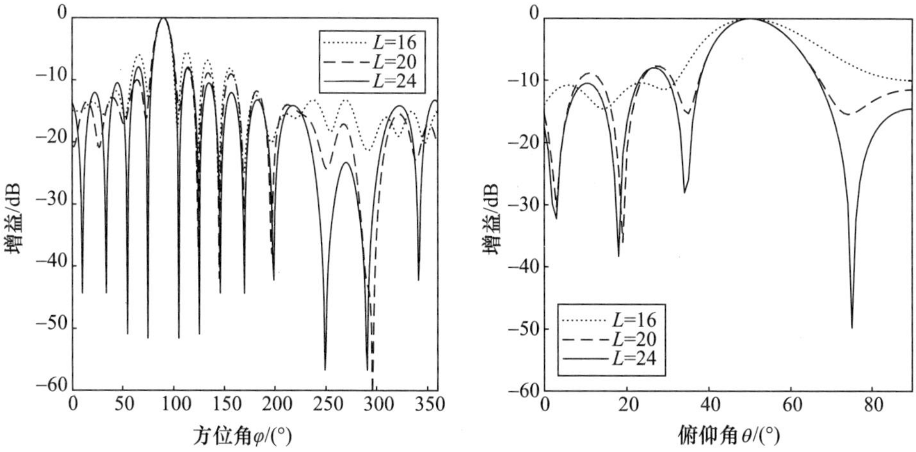

(a) (b)

图 3.13 不同虚拟阵元数时波束图

(a) $\theta=50°$方位角扫描波束图；(b) $\varphi=90°$俯仰角扫描波束图。

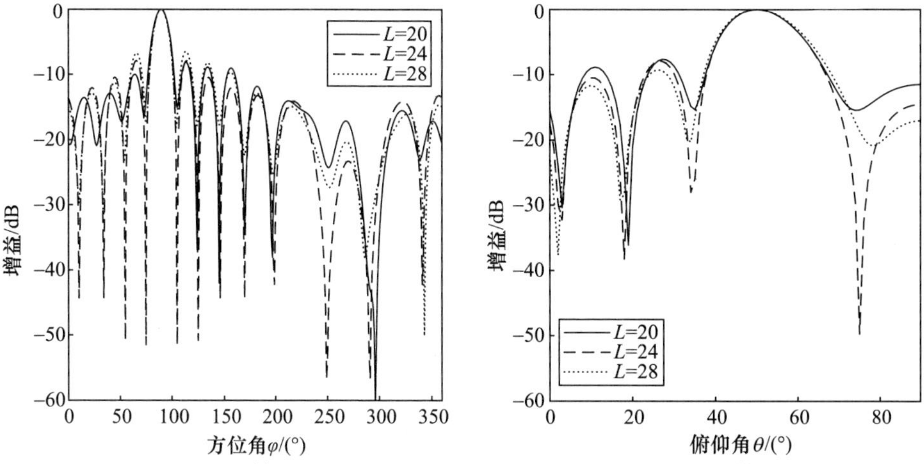

(a) (b)

图 3.14 虚拟阵元数超过实际圆阵阵元数对波束图的影响

(a) $\theta=50°$方位角扫描波束图；(b) $\varphi=90°$俯仰角扫描波束图。

观察虚拟阵列的阵列增益与期望信号入射方向的关系如图 3.15 所示。从图中可以看出,除期望信号俯仰角在很少的几个值时虚拟阵列对阵增益的改善不明显外,在其他情况下,虚拟阵列的阵列增益都高于基阵,甚至高于等阵元的实际阵列。

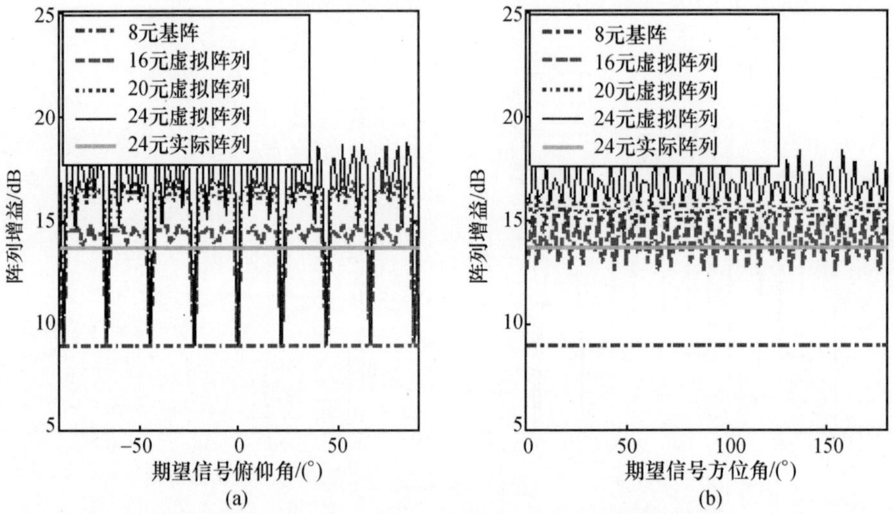

图 3.15　虚拟阵列阵增益与期望信号入射方向的关系

(a) $\varphi_0 = 90°$ 时阵增益随 θ_0 变化曲线; (b) $\theta_0 = 50°$ 时阵增益随 φ_0 变化曲线。

第4章　稳健的自适应波束形成算法

高动态条件下的多普勒频移一方面会引起波长失配,另一方面会影响测向的精度,产生相对较大的测向误差。在阵列平台运动的非平稳环境下,无法获得足够的有效采样快拍数,这直接影响了数据协方差矩阵估计的准确性,在数据协方差矩阵失配的情况下,自适应波束形成对指向误差的稳健性更差,很容易造成波束畸变,甚至产生信号自消现象,使自适应波束形成算法失效。因此,在高动态环境下,更需要对导向矢量误差和小快拍具有稳健性的波束形成方法。

稳健的波束形成算法最具代表性的有三类:线性约束法、特征空间法和对角加载法。线性约束法通过展宽主瓣获得对指向误差的稳健性,但其性能的改善是以牺牲自由度为代价的,会降低对干扰的抑制能力,并且只适用于DOA失配的情况,对其他原因引起的导向矢量失配无能为力,所能抵抗的指向误差也比较小。特征空间法和对角加载法都可以克服任意形式的导向矢量误差,且具有较快的收敛速度,但前者需精确已知信号子空间维数,后者的加载量不易确定,且两者的计算复杂度都为$O(M^3)$。本章将围绕这两种稳健的波束形成算法展开研究,针对其性能和计算量的缺点讨论解决方案,并将其与前后向平滑技术结合,进一步提高稳健性与运算速度,使其更适用于高动态的应用环境。

4.1　基于特征空间的波束形成技术

4.1.1　特征空间算法

特征空间波束形成算法(ESB)的加权矢量是利用协方差矩阵的特征值分解,将自适应加权矢量投影到协方差矩阵的信号子空间而得到。设信号维数为P,对阵列接收信号的协方差矩阵$\boldsymbol{R}_x$进行特征值分解为

$$\boldsymbol{R}_x=\sum_{i=1}^{M}\lambda_i\boldsymbol{e}_i\boldsymbol{e}_i^{\mathrm{H}}=\boldsymbol{E}\boldsymbol{\Lambda}\boldsymbol{E}^{\mathrm{H}}=\boldsymbol{E}_s\boldsymbol{\Lambda}_s\boldsymbol{E}_s^{\mathrm{H}}+\boldsymbol{E}_n\boldsymbol{\Lambda}_n\boldsymbol{E}_n^{\mathrm{H}} \tag{4.1}$$

式中:$\lambda_1\geqslant\lambda_2\geqslant\cdots\geqslant\lambda_P\geqslant\lambda_{P+1}=\cdots=\lambda_M=\sigma_n^2$为$R_x$的个特征值,其对应的归一化特征矢量分别为$\boldsymbol{e}_1,\boldsymbol{e}_2,\cdots,\boldsymbol{e}_M$,$\boldsymbol{\Lambda}=\mathrm{diag}[\lambda_1,\cdots,\lambda_M]$,$\boldsymbol{\Lambda}_s=\mathrm{diag}[\lambda_1,\cdots,\lambda_P]$,

$\boldsymbol{\Lambda}_n = \text{diag}[\lambda_{P+1},\cdots,\lambda_M]$，$\boldsymbol{E} = [\boldsymbol{e}_1,\boldsymbol{e}_2,\cdots,\boldsymbol{e}_M]$，$\boldsymbol{E}_s = [\boldsymbol{e}_1,\boldsymbol{e}_2,\cdots,\boldsymbol{e}_P]$，$\boldsymbol{E}_n = [\boldsymbol{e}_{P+1},\cdots,\boldsymbol{e}_M]$，$\boldsymbol{E}_s$ 和 $\boldsymbol{E}_n$ 的列矢量分别张成信号子空间和噪声子空间。

将 MVDR 波束形成器的权矢量投影到信号子空间，有

$$\boldsymbol{w}_{\text{ESB}} = \boldsymbol{E}_s \boldsymbol{E}_s^{\text{H}} \boldsymbol{w}_{\text{MVDR}} \tag{4.2}$$

可以看出，ESB 算法摒弃了权矢量在噪声子空间中的分量而保留了其在信号子空间的分量，权矢量的范数更小，输出噪声功率较小，而期望信号和干扰信号的输出功率不变，所以输出 SINR 增大，并且收敛速度较快，适用于存在导向矢量失配的情况。

但是，ESB 法要求精确已知信号子空间的维数，在信号子空间维数过估计或是欠估计时，性能受到很大影响。ESB 算法为了得到信号子空间需要对数据协方差矩阵进行特征值分解，运算量高达 $21M^3$[136]，如此大的运算量大大限制了其应用。

4.1.2 基于子空间逼近的快速特征空间算法

DOA 估计和多用户检测中出现了一些子空间逼近的方法[136-138]，如 Power-like算法、POR(Power of R)算法等。这些方法不需要特征分解，大大减小了子空间求解的运算负担。周讳等将 Power-like 算法应用到 ESB 算法中，验证了其良好性能[139]，并且该方法对子空间维数过估计不敏感，为特征空间法的应用开辟了更广泛的空间。本节利用子空间逼近的原理，提出一种不需要先验已知信号子空间维数的快速特征空间算法。

1. 基本原理

取一正数 b 作为分界值，将特征空间划分为两个子空间，对应的投影矩阵分别为[136]

$$\begin{cases} \boldsymbol{Q}_s = \sum_{i:\lambda_i > b} \boldsymbol{e}_i \boldsymbol{e}_i^{\text{H}} \\ \boldsymbol{Q}_n = \sum_{i:\lambda_i < b} \boldsymbol{e}_i \boldsymbol{e}_i^{\text{H}} \end{cases} \tag{4.3}$$

由式(4.3)可见，当 b 满足 $\lambda_1 \geqslant \lambda_2 \geqslant \cdots \geqslant \lambda_P > b > \lambda_{P+1} = \cdots = \lambda_M = \sigma_n^2$ 时，划分的两个子空间即为信号子空间和噪声子空间，即

$$\begin{cases} \boldsymbol{Q}_s = \boldsymbol{E}_s \boldsymbol{E}_s^{\text{H}} \\ \boldsymbol{Q}_n = \boldsymbol{E}_n \boldsymbol{E}_n^{\text{H}} \end{cases} \tag{4.4}$$

构造函数为

$$\boldsymbol{Q}(m) = (b^m \boldsymbol{I} - \boldsymbol{R}_x^m)(b^m \boldsymbol{I} + \boldsymbol{R}_x^m)^{-1} \tag{4.5}$$

将 $\boldsymbol{R}_x$ 的特征分解式代入到 $\boldsymbol{Q}(m)$ 中，可得

$$\boldsymbol{Q}(m)=\sum_{i=1}^{M}\frac{b^m-\lambda_i^m}{b^m+\lambda_i^m}\boldsymbol{e}_i\boldsymbol{e}_i^{\mathrm{H}}=\sum_{\lambda_i>b}\frac{\left(\frac{b}{\lambda_i}\right)^m-1}{\left(\frac{b}{\lambda_i}\right)^m+1}\boldsymbol{e}_i\boldsymbol{e}_i^{\mathrm{H}}+\sum_{\lambda_i<b}\frac{1-\left(\frac{\lambda_i}{b}\right)^m}{1+\left(\frac{\lambda_i}{b}\right)^m}\boldsymbol{e}_i\boldsymbol{e}_i^{H} \tag{4.6}$$

可以看出,当 $m\to\infty$ 时,如果 $\lambda_i>b$,则有 $\left(\frac{b}{\lambda_i}\right)^m\to 0$,如果 $\lambda_i<b$,则有 $\left(\frac{\lambda_i}{b}\right)^m\to 0$,因此,可以得出

$$\lim_{m\to\infty}\boldsymbol{Q}(m)=-\sum_{\lambda_i>b}\boldsymbol{e}_i\boldsymbol{e}_i^{\mathrm{H}}+\sum_{\lambda_i<b}\boldsymbol{e}_i\boldsymbol{e}_i^{\mathrm{H}}=\boldsymbol{Q}_n-\boldsymbol{Q}_s \tag{4.7}$$

又因为

$$\boldsymbol{Q}_n+\boldsymbol{Q}_s=\boldsymbol{I}=(b^m\boldsymbol{I}+\boldsymbol{R}_x^m)(b^m\boldsymbol{I}+\boldsymbol{R}_x^m)^{-1} \tag{4.8}$$

可以得出

$$\begin{aligned}&\lim_{m\to\infty}\boldsymbol{R}_x^m(b^m\boldsymbol{I}+\boldsymbol{R}_x^m)^{-1}=\boldsymbol{Q}_s\\&\lim_{m\to\infty}b^m(b^m\boldsymbol{I}+\boldsymbol{R}_x^m)^{-1}=\boldsymbol{Q}_n\end{aligned} \tag{4.9}$$

由于式(4.9)中求解 $\boldsymbol{Q}_n$ 的计算量要低于求解 $\boldsymbol{Q}_s$ 的计算量,因此,可以首先计算 $\boldsymbol{Q}_n$,再利用 $\boldsymbol{Q}_s=\boldsymbol{I}-\boldsymbol{Q}_n$ 得出 $\boldsymbol{Q}_s$,将其代入到 ESB 算法的权矢量求解公式中,即可得到自适应权。我们将这种基于子空间逼近的 ESB 算法简记为 RAESB (Rational Approximation Eigenspace - based)算法,得出的自适应权为

$$\boldsymbol{w}_{\mathrm{RAESB}}=\boldsymbol{Q}_s\boldsymbol{w}_{\mathrm{MVDR}} \tag{4.10}$$

下面分析 RAESB 算法求解信号子空间的运算量:第一步求解 $\boldsymbol{R}_x^m$,采用 Strassen 算法[136]计算两个 $M\times M$ 阶矩阵相乘的运算量为 $M^{2.807}$,如果 m 是 2 的 r 次幂,则计算 $\boldsymbol{R}_x^m$ 需要 $rM^{2.807}$ 次复乘运算;第二步要对 $b^m\boldsymbol{I}+\boldsymbol{R}_x^m$ 进行求逆运算,需要 $M(M-1)(2M-1)/3$ 次复乘;第三步要进行是标量 b^m 和与矩阵 $(b^m\boldsymbol{I}+\boldsymbol{R}_x^m)^{-1}$ 的乘法,需要 M 次复乘。因此,采用该方法求解信号子空间的运算量为 $rM^{2.807}+2M^3/3-M^2+4M/3$。一般有理近似的阶数 m 取 3 ~ 5 即可得到高精度的近似,取 $m=4$ 时运算量为 $2M^{2.807}+2M^3/3-M^2+4M/3$,远低于采用特征分解求解子空间的运算量。

2. 分界值的选取

实际应用中,分界值 b 可以通过测量不存在信号时的噪声功率得到,也可以通过估计数据协方差矩阵的最小特征值得到。还有一种近似的取法,即令 $b=\mathrm{tr}(R_x)/M$,其中 $\mathrm{tr}(\cdot)$ 表示矩阵的迹。由于 $\lambda_i\geqslant\sigma_n^2$,有 $\mathrm{tr}(R_x)=\sum_{i=1}^{M}\lambda_i>M\sigma_n^2$,

则 b 满足 $b > \sigma_n^2$。当阵元数目 M 很大，信号子空间的维数相对较小时，利用 $\mathrm{tr}(R_x)/M$ 近似表示分界值可以得到比较满意的结果。但是，在期望信号功率远低于干扰信号功率、阵元数目又不是足够大时，估计的 b 可能会大于期望信号对应的特征值，这样以 b 为分界值划分子空间时就会将期望信号划到噪声子空间中，波束形成就会对期望信号进行抑制，造成波束图的畸变。

为了改善以上问题，令 $b_m = \sqrt[m]{\mathrm{tr}(R_x^m)/M}$，可以证明 $b > b_m > \sigma_n^2$。因此，在 $b = \mathrm{tr}(R_x)/M$ 满足 $\lambda_p > b > \sigma_n^2$ 时，b_m 一定也满足 $\lambda_p > b_m > \sigma_n^2$，即使 b 大于了某一信号对应的特征值，由于 $b_m < b$，b_m 也有可能小于此特征值，这样用 b_m 做空间分割虽然不能彻底解决该问题，但可以在不增加运算量的前提下，提高子空间划分的成功率。

3. 计算机仿真分析

下面通过计算机仿真分析 RAESB 算法的性能。

例 4.1　RAESB 算法的性能分析。

假设一个期望信号和两个干扰信号从远场入射到阵元间距为半波长等距线阵，阵元接收噪声为白噪声，期望信号和干扰信号两两互不相关；期望信号入射方向为 0°，预设波束方向 2°，即存 2°的指向误差；两个干扰信号的入射角分别为 40°、-30°，输入 SNR 为 0，干扰噪声比分别为 10dB、5dB；假设数据协方差矩阵精确已知。

为了观察 RAESB 算法在理想状态下的性能，我们取分界值为 $(\lambda_{p+1} + \lambda_{p+2})/2$。图 4.1(a) 画出了不同幂乘次数时 RAESB 算法的输出 SINR 随输入 SNR 变化的曲线，可以看出，在分界值 b 满足 $\lambda_{p+1} > b > \lambda_{p+2}$ 的理想状态下，RAESB 算法的性能在 $m \geq 2$ 时已经和 ESB 算法的性能差别很小。图 4.1(b) 为 SNR = 0dB 时 RAESB 法和常规 ESB 算法的波束图，幂乘次数取 $m = 3$，从波束图中也可以看出，两种方法都能克服指向误差的影响，将主瓣指向了期望信号方向，旁瓣水平和零陷深度也基本一致。

观察分界值分别采用 $b = \mathrm{tr}(R_x)/M$ 和 $b_m = \sqrt[m]{\mathrm{tr}(R_x^m)/M}$ 两种近似值时 RAESB 算法的输出性能如图 4.2 所示。其中图 4.2(a) 中为阵元数为 10，从图中可以看出，两种近似取值所对应的曲线走势相似，但后者的性能明显优于前者；两者都与 ESB 算法的曲线相差很大，这是由于阵元数目有限，近似获得的分界值误差较大造成的。在 SNR 相对于 INR 比较低时，所取的分界值会大于期望信号对应的特征值，这样以此分界值划分子空间时就会将期望信号划到噪声子空间中，随着 m 值的增大，这种子空间的划分越来越精确，信号子空间中所含期望信号的成分越来越少，因此，输出性能会越来越差；在 SNR 相对于 INR 比较高

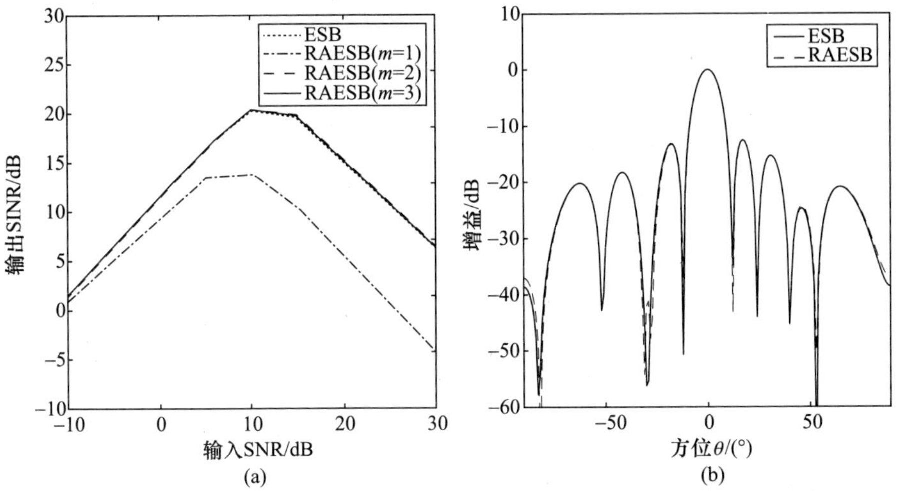

图 4.1　分界值取理想值时 RAESB 算法的性能

(a)输出 SINR 随输入 SNR 变化曲线；(b)波束图(SNR = 0dB)。

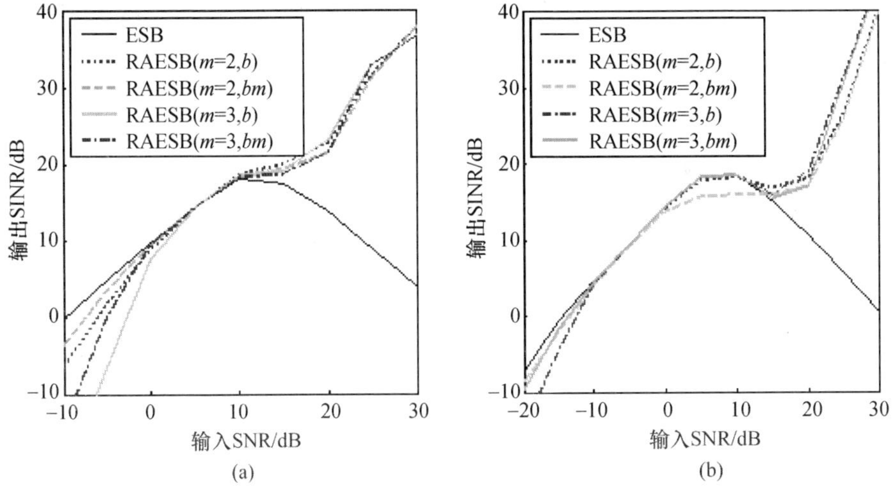

图 4.2　分界值取近似值时 RAESB 算法的输出性能

(a) $M = 10$；(b) $M = 30$。

时，所取分界值就可能大于某一干扰信号对应的特征值，以此划分子空间时会将这一干扰信号划到噪声子空间中，这对于输出 SINR 是有利的，是 ESB 算法中不具备的优点。因此，其输出 SINR 比 ESB 算法要高，并且随着 m 值的增大，信号子空间中所含的这一干扰信号的成分越少，输出性能越好。我们将阵元数目 M 增加到 30，分界值仍然取两种近似值，观察 RAESB 算法的输出性能如

图 4.2(b)所示。由于 M 值相对于信号源个数越多,对分界值估计的成功率越高。因此,增加了阵元数后,在 SNR 相对 INR 比较低时,分界值也降到了小于期望信号特征值的范围内,这样就能够成功地划分信号和噪声子空间。从图中也可以看出,在 SNR < 15dB 时,RAESB 算法的性能与 ESB 算法很接近,而在 SNR > 15dB时,其输出性能要优于 ESB 算法,这是由于 RAESB 算法将某一个或多个干扰信号抑制到了信号子空间以外的原因。

观察两种分界近似值时的波束图如图 4.3 所示,从图中可以看出,在输入 SNR 为 0 时,ESB 算法在两个干扰处都形成了零陷,而 RAESB 算法在 40°的大干扰值处形成了零陷。但是,在 -30°的小干扰值处出现了一个旁瓣,在分界值取 b 时这个旁瓣很大,但在分界值取 b_m 时这个旁瓣比较小,更接近于 ESB 算法中的零陷水平。因此,分界值取 b_m 的性能要优于分界值为 b 时,在输入 SNR 为 15dB 时,RAESB 算法的性能明显优于 ESB 算法。此时,SNR 比两个 INR 都要高,ESB 算法没在干扰方向形成零陷,而 RAESB 算法在大干扰方向的响应同 ESB 算法差别不大,而在小干扰方向的响应远低于 ESB 算法。这时,分界值介于小干扰特征值和大干扰特征值之间,将小干扰信号抑制到了信号子空间以外。

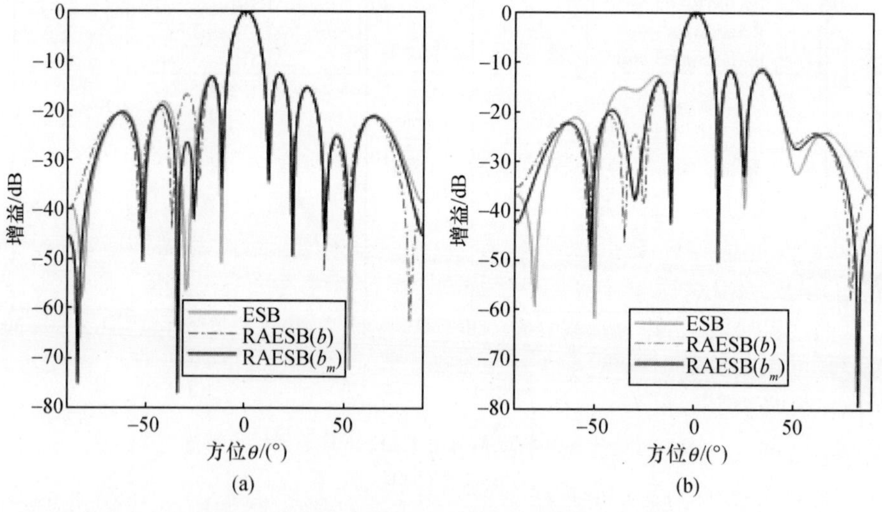

图 4.3　分界值取近似值时 RAESB 算法的波束图

(a) SNR = 0dB; (b) SNR = 15dB。

从上述分析可以看出,RAESB 算法不需要估计信号子空间维数,但需要一个介于信号和噪声特征值之间的分界值。当噪声功率可以测得时,分界值可以较准确地设定，此时，RAESB 算法可以获得同 ESB 算法相当的性能。在没有先验知识可以设定分界值时，则通过估计协方差矩阵的最小特征值获得，还可以利用协方差矩阵的迹近似获得，两种近似值 $b = \mathrm{tr}(R_x)/M$ 和 $b_m = \sqrt[m]{\mathrm{tr}(R_x^m)/M}$ 中又以后者为最优，在阵元数相对于信号源数比较多，或是期望信号功率相对于干扰功率不是很低时，近似取值也可以获得较好的性能。当近似的分界值不能正确划分子空间时，其对波束形成的影响同 ESB 算法中信号维数估计错误时是相似的。

4.1.3 基于方向约束的改进特征空间算法

4.1.2 节研究了 ESB 算法的一种快速实现方式，同常规 ESB 算法的一样，其输出性能也只能在一定的指向误差范围内保持稳定。当指向误差较大而使期望信号方向落在预定波束主瓣边缘时，性能会严重恶化。尤其是当阵列孔径较大时，很小的指向误差也会使 ESB 算法的性能下降。下面通过仿真说明 ESB 算法的性能与指向误差的关系。

1. ESB 算法性能与指向误差的关系

例 4.2　存在指向误差时 ESB 算法的性能。

假设一个期望信号和两个干扰信号从远场入射到阵元间距为半波长等距线阵，阵元接收噪声为白噪声，期望信号和干扰信号两两互不相关；两个干扰信号的入射角分别为 40°、-30°，输入 SNR 为 0，干扰噪声比分别为 10dB、20dB；假设数据协方差矩阵精确已知。

图 4.4 画出了 ESB 算法的输出 SINR 随指向误差变化（SINR - PE）的曲线，其中图 4.4(a) 为预设波束方向为 0°，对应不同阵元数时；图 4.4 (b) 为阵元数是 10，对应不同预设波束方向时。从图中可以看出，ESB 算法的输出 SINR 随着指向误差的变化会有一个周期性的下降，其下降曲线接近于预设方向的静态波束图曲线，周期为主瓣宽度的 1/2。由于波束的主瓣宽度与阵元数目成正比，与预设的期望信号入射角度成反比。因此，当预设波束方向为 0°时，波束形成对指向误差的稳健性最差。随着预设入射角的增大，波束形成对指向误差的敏感性逐渐减低，可以保持稳定的指向误差范围逐渐变大。随着阵元数的增多，主瓣宽度变窄，能够保持稳定的指向误差范围变小。如果此时预设入射方向接近阵列法线方向，那么，一个很小的指向误差都可能会严重影响输出性能。

由于高动态环境下往往具有存在较大的指向误差，需要自适应算法的输出性能在更大的指向误差范围内保持稳定。为了克服 SINR - PE 曲线中出现的周期性的零陷，出现了一些改进方法，其基本思想都是通过对预定导向矢量进行校正，使其尽可能地接近真实导向矢量，以提高波束形成器的稳健性。例如，通过

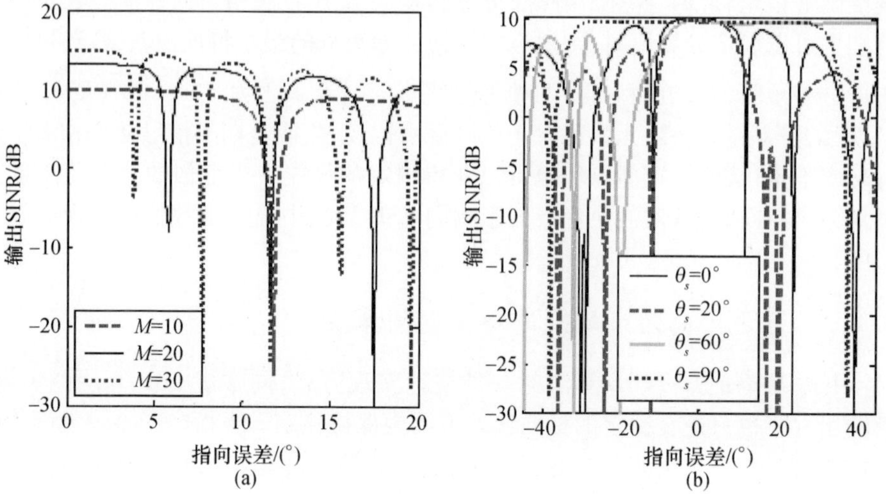

图 4.4　ESB 算法性能随指向误差变化曲线

(a)不同阵元数时；(b)不同预设波束方向时。

角度搜索对预定导向矢量进行修正的方法、通过子阵划分对导向矢量进行估计的方法[77]和利用矢量旋转提高稳健性。前两种方法实现过程较为复杂,第三种方法虽然简单,但旋转角度的选择对性能的影响很大。

2. 方向约束特征空间算法

由前面的分析可以看出,ESB 算法的输出 SINR 在指向误差落在某些特定位置时突然下降,而对其他的指向误差都具有较好的稳健性。因此,如果能避开这些特定位置,特征空间法就可以在很大的指向误差范围内保持较好的性能。基于这种思想,我们利用方向约束条件,提出一种改进的特征空间波束形成算法。

设预设约束方向为 θ_s, 对 MVDR 波束形成器增加一个方向性约束条件,原优化问题改写为

$$\begin{cases}\min\limits_{\boldsymbol{w}} \boldsymbol{w}^{\mathrm{H}}\boldsymbol{R}_x\boldsymbol{w} \\ \mathrm{s.t.}\ \boldsymbol{a}^{\mathrm{H}}(\theta_{\mathrm{s}})\boldsymbol{w} = 1 \\ \boldsymbol{a}^{\mathrm{H}}(\theta_{\mathrm{s}} + \Delta\theta)\boldsymbol{w} = 1\end{cases} \tag{4.11}$$

在式(4.11)的优化问题中, θ_s 和 $\theta_s + \Delta\theta$ 的位置是等价的,都可以看成是预设波束方向。当指向误差 $\theta_s - \theta_d$ 落在 SINR - PE 曲线中的零陷位置时,那么, $\theta_s + \Delta\theta - \theta_d$ 一定不在 SINR - PE 曲线中的零陷位置,也就是 $\theta_s - \theta_d$ 和 $\theta_s + \Delta\theta - \theta_d$ 中最多有一个落在 SINR - PE 曲线中的零陷位置,这就是我们利用方向约束

条件克服波束形成对特定位置指向误差的敏感性的原理。

令约束矩阵 $\boldsymbol{C} = [\boldsymbol{a}(\theta_s), \boldsymbol{a}(\theta_s + \Delta\theta)]$，约束响应矢量 $\boldsymbol{g} = [1,1]^{\mathrm{T}}$，式(4.11)的最优权为

$$\boldsymbol{w}_{\mathrm{opt}} = \boldsymbol{R}_x^{-1}\boldsymbol{C}\,\boldsymbol{C}^{\mathrm{H}}\boldsymbol{R}_x^{-1}\,\boldsymbol{C}^{-1}\boldsymbol{g} \tag{4.12}$$

将求得的最优权矢量向信号子空间投影，可以得到方向约束特征空间算法(Directional Constraint Eigenspace - based，DCESB)的自适应权为

$$\boldsymbol{w}_{\mathrm{DCESB}} = \boldsymbol{E}_s\,\boldsymbol{E}_s^{\mathrm{H}}\boldsymbol{R}_x^{-1}\boldsymbol{C}\boldsymbol{C}^{\mathrm{H}}\boldsymbol{R}_x^{-1}\,\boldsymbol{C}^{-1}\boldsymbol{g} \tag{4.13}$$

下面讨论 $\Delta\theta$ 的取值，对于阵元数为 M、阵元间距为 $\lambda/2$ 的均匀线阵在预设波束方向 θ_s 时的零点波瓣宽度可表示为[140]

$$\mathrm{BW}_0 = 2\arcsin\left(\frac{2}{M} + \sin\theta_s\right) \tag{4.14}$$

$\Delta\theta$ 不能超过主瓣宽度的1/2，但要大于 SINR - PE 曲线中零陷宽度 ε，即令

$$\varepsilon < \Delta\theta < \mathrm{BW}_0/2 \tag{4.15}$$

需要说明的是，方向约束作为线性约束的一种，本身就可以增加波束形成对指向误差的稳健性，但是在线性约束法中，一般增加两个相反方向的方向约束，目的是在接近期望信号的方向上形成一个更宽的波束，以使波束形成对指向误差更加稳健，这种方法只能克服很小的指向误差。在提出的 DCESB 算法中，只需增加一个方向约束条件，其目的为了是避开 SINR - PE 曲线中特定位置的零陷，使 ESB 算法可以在更大的指向误差范围内保持稳健，因此，原理上 $\Delta\theta$ 的值在满足 $\varepsilon < \Delta\theta < \mathrm{BW}_0/2$ 的基础上可以取得尽量小。

3. 计算机仿真分析

下面对几种不同情况做计算机仿真和分析，将提出的 DCESB 与 MVDR 算法、ESB 算法和旋转矢量法(Vector Rotation Eigenspace - based，VRESB)相比较。

例 4.3　DCESB 算法的性能分析。

考虑例 4.2 的仿真条件，设预设波束方向为 0°，观察各种算法的输出 SINR 随指向误差变化情况如图 4.5 所示。VRESB 算法中选取旋转角度为 $0.5\pi/M$，DCESB 算法中选取 $\Delta\theta = 1°$，从图中可以看出，ESB 算法对指向误差的稳健性明显优于 MVDR 算法，但随着指向误差的增大，其输出 SINR 会周期性的恶化。进行导向矢量旋转后的 VRESB 算法和增加了方向约束的 DCESB 算法都克服 SINR - PE 曲线中特定位置的零陷，对指向误差的稳健性大大增强，可以在很大的指向误差范围内保持较高的输出 SINR。

设期望信号方向为 12°，即指向误差为 12°，是主瓣宽度的 1/2，此时，正落在 SINR - PE 曲线中的零陷位置，观察几种算法的波束如图 4.6 所示。由图可以看出，由于指向误差的存在，MVDR 算法的主瓣指向了预设波束方向，而把期望信

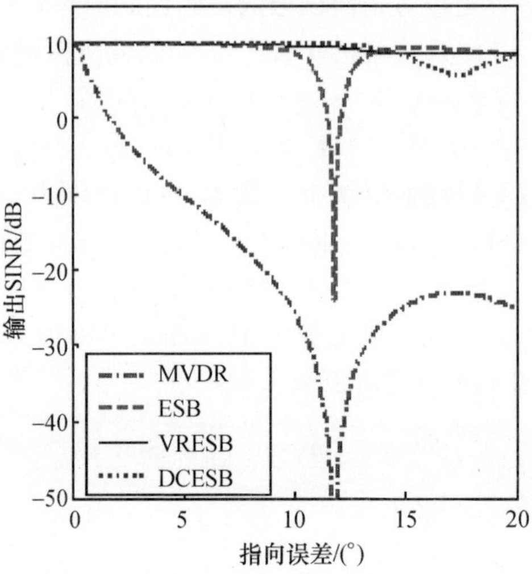

图 4.5 DCESB 算法输出 SINR 随指向误差变化曲线

号当成干扰进行了抑制；ESB 算法将主瓣指向了期望信号方向，对波束图有一定改善，但旁瓣较高，并且没能将零陷对准干扰，在两个干扰处的响应高达 -8dB 和 -22dB；VRESB 算法和 DCESB 算法的波束图相似，都将主瓣指向了期望信号，旁瓣水平降低了 5dB 左右，在干扰处的零陷也非常明显，其中前者在两个干扰方向分别形成了 -35dB 和 -45dB 的零陷，而后者的零陷更深些，分别为 -43dB和 -58dB。

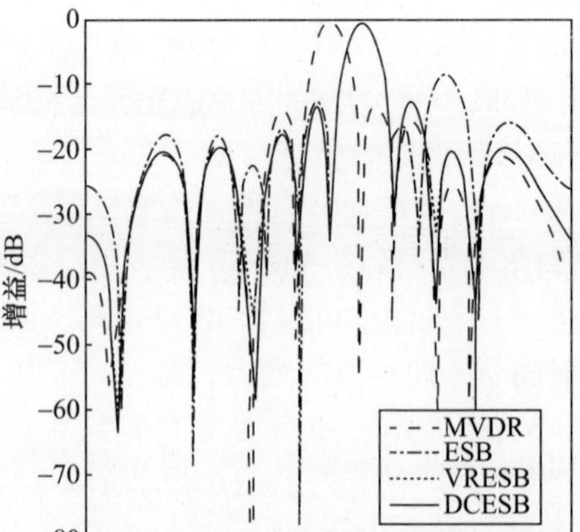

图 4.6 DCESB 算法的波束图

观察指向误差分别为2°和12°时,各种方法的输出SINR随输入SNR变化情况如图4.7所示。由图可以看出,在存在指向误差时ESB类算法的性能大大优于MVDR算法,并且指向误差越大,这种优势越明显;DCESB算法大大改善了ESB算法的输出性能;VRESB算法虽然在指向误差为12°时和DCESB算法的性能差距不大,但指向误差比较小时,并没有对ESB算法的性能起到任何改善作用,甚至还要略低于ESB算法。因此,DCESB算法的性能优于其他3种算法。

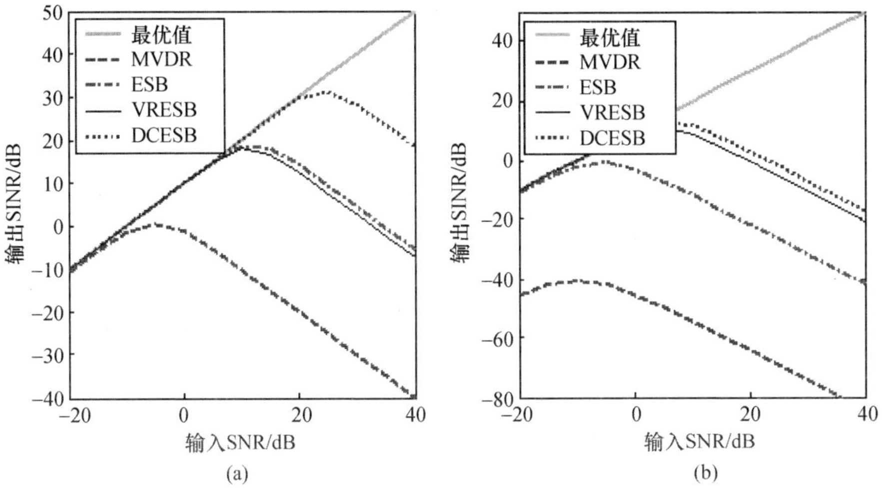

图4.7 DCRSB算法输出SINR随输入SNR变化曲线
(a)指向误差为2°;(b)指向误差为12°。

从上述仿真分析中可以看出,DCESB算法实现简单,利用很少的自由度大大改善了ESB算法的性能,可以在很大的指向误差范围内保持较高的输出SINR,是一种更为稳健性的波束形成算法。

4.2 基于变对角加载的稳健波束形成算法

4.2.1 对角加载算法原理

对角加载法(LSMI)是一种对导向矢量误差和协方差矩阵误差都具有稳健性的波束形成方法。它通过分析采样协方差矩阵的特征值分散特性提出,则

$$\hat{\boldsymbol{R}}_x^{-1} = \sum_{i=1}^{M} \lambda_i^{-1} \boldsymbol{e}_i \boldsymbol{e}_i^{\mathrm{H}} = \frac{1}{\lambda_{\min}} \left(\boldsymbol{I} - \sum_{i=1}^{M} \frac{\lambda_i - \lambda_{\min}}{\lambda_i} \boldsymbol{e}_i \boldsymbol{e}_i^{\mathrm{H}} \right) \tag{4.16}$$

将式(4.16)代入到SMI算法的权值求解公式中并省略标量,可得

$$
\begin{aligned}
\boldsymbol{w}_{\mathrm{SMI}} &= \boldsymbol{a}_s - \sum_{i=1}^{M} \frac{\lambda_i - \lambda_{\min}}{\lambda_i} \boldsymbol{e}_i \boldsymbol{e}_i^{\mathrm{H}} \boldsymbol{a}_s \\
&= \boldsymbol{a}_s - \sum_{i=1}^{P} \frac{\lambda_i - \lambda_{\min}}{\lambda_i} \boldsymbol{e}_i \boldsymbol{e}_i^{\mathrm{H}} \boldsymbol{a}_s - \sum_{i=P+1}^{M} \frac{\lambda_i - \lambda_{\min}}{\lambda_i} \boldsymbol{e}_i \boldsymbol{e}_i^{\mathrm{H}} \boldsymbol{a}_s
\end{aligned} \tag{4.17}
$$

在不存在协方差矩阵估计误差时，由于 $\lambda_{P+1} = \lambda_{P+2} = \cdots = \lambda_M = \lambda_{\min}$，因此，式(4.17)中的最后一项为0，即白噪声成分对波束响应不产生任何影响。在有限样本条件下，白噪声对应的 $M-P$ 个特征值并不相等，将白噪声的最大特征值和最小特征值之比（即 $\lambda_{P+1}/\lambda_{\min}$）定义为白噪声扩散程度，快拍数越少，白噪声扩散程度越大，白噪声特征矢量对最优权的影响越大，波束的旁瓣水平越高。

对角加载法通过在采样协方差矩阵的对角元素上加上一个量，减小特征值的扩散程度，其最优化问题可以表述为

$$
\min_{\boldsymbol{w}} \boldsymbol{w}^{\mathrm{H}} (\hat{\boldsymbol{R}}_x + \sigma^2 \boldsymbol{I}) \boldsymbol{w}, \quad \text{s.t. } \boldsymbol{w}^{\mathrm{H}} \boldsymbol{a}_s = 1 \tag{4.18}
$$

式中：σ^2 为加载量。令 $\boldsymbol{R}_{\mathrm{L}} = \hat{\boldsymbol{R}}_x + \sigma^2 \boldsymbol{I}$，得出对角加载波束形成的自适应权矢量为

$$
\boldsymbol{w}_{\mathrm{LSMI}} = \mu \boldsymbol{R}_{\mathrm{L}}^{-1} \boldsymbol{a}_s \tag{4.19}
$$

省略标量后可以化为

$$
\boldsymbol{w}_{\mathrm{LSMI}} = \boldsymbol{a}_s - \sum_{i=1}^{P} \frac{\lambda_i - \lambda_{\min}}{\lambda_i + \sigma^2} \boldsymbol{e}_i \boldsymbol{e}_i^{\mathrm{H}} \boldsymbol{a}_s - \sum_{i=P+1}^{M} \frac{\lambda_i - \lambda_{\min}}{\lambda_i + \sigma^2} \boldsymbol{e}_i \boldsymbol{e}_i^{\mathrm{H}} \boldsymbol{a}_s \tag{4.20}
$$

可以看出，在加载量不太大时，对于大特征值，$\dfrac{\lambda_i - \lambda_{\min}}{\lambda_i + \sigma^2} \approx \dfrac{\lambda_i - \lambda_{\min}}{\lambda_i}$，而对于小特征值，$\dfrac{\lambda_i - \lambda_{\min}}{\lambda_i + \sigma^2} \ll \dfrac{\lambda_i - \lambda_{\min}}{\lambda_i}$。因此，对角加载对第二项影响不大，即对于干扰的零陷深度影响不大，而对于白噪声成分，对角加载可以减小第三项，因此旁瓣水平会有所降低，稳健性变好。

对角加载算法按常规计算，运算量同 SMI 算法一样为 $O(M^3)$，为了提高运算速度，一般会对 LSMI 算法进行一定的变换，使其可以采用 MVDR 算法的递推实现方式，如递推最小二乘法、QR 分解的递推算法等，关于 LSMI 算法的递推实现将在第6章中详细介绍。

4.2.2 变对角加载值的选取

对角加载可以大大减小噪声特征值的扩散程度，抑制小特征值对应的特征矢量对最优权的影响，加载量越大，对旁瓣的改善越明显，但过大的加载量会降低干扰抑制能力，对输出 SINR 有一定影响。因此，对角加载技术的主要难点是

对加载量的选取。这里介绍一种简单的加载量的选取方法[141]，该方法根据协方差矩阵误差确定加载量，在不增加计算复杂度的前提下，可以获得比固定对角加载更好的性能。

将采样协方差矩阵表示为

$$\hat{\boldsymbol{R}}_x = \boldsymbol{R}_x + \eta \boldsymbol{D} \tag{4.21}$$

式中：$\boldsymbol{R}_x = \boldsymbol{A}\boldsymbol{R}_s\boldsymbol{A} + \sigma_n^2\boldsymbol{I}$ 为真实协方差矩阵；$\boldsymbol{D}$ 为均值为0、方差为1的随机矩阵；η 为代表采样协方差矩阵误差的正常量，η 越大，波束形成器的性能越差。

对角加载后的协方差矩阵可以表示为

$$\boldsymbol{R}_L = \hat{\boldsymbol{R}}_x + \sigma^2\boldsymbol{I} = \boldsymbol{R}_x + \eta\boldsymbol{D} + \sigma^2\boldsymbol{I} \tag{4.22}$$

假设 $\eta\|\boldsymbol{D}\| \leqslant \|\boldsymbol{R}_x + \sigma^2\boldsymbol{I}\|$，则对角加载协方差矩阵的逆矩阵可以近似表示为

$$\begin{aligned} \boldsymbol{R}_L^{-1} &= (\boldsymbol{R}_x + \sigma^2\boldsymbol{I})^{-1}[\boldsymbol{I} + \eta\boldsymbol{D}(\boldsymbol{R}_x + \sigma^2\boldsymbol{I})^{-1}]^{-1} \\ &\approx (\boldsymbol{R}_x + \sigma^2\boldsymbol{I})^{-1}[\boldsymbol{I} - \eta\boldsymbol{D}(\boldsymbol{R}_x + \sigma^2\boldsymbol{I})^{-1}] \\ &\approx (\boldsymbol{R}_x + \sigma^2\boldsymbol{I})^{-1}\left\{\boldsymbol{I} - \frac{\eta}{\sigma^2 + \sigma_n^2}\boldsymbol{D}[\boldsymbol{I} - \boldsymbol{A}(\boldsymbol{A}^{\mathrm{H}}\boldsymbol{A} + (\sigma_n^2 + \sigma^2)\boldsymbol{R}_s^{-1})^{-1}\boldsymbol{A}^{\mathrm{H}}]\right\} \end{aligned} \tag{4.23}$$

从式(4.23)可以看出，第一个括号内的项应该接近于 $\boldsymbol{R}_x$，从这个角度考虑加载量应该尽量小；自适应波束形成性能的下降主要是由大括号内的第二项引起的，如果此项为0，则 $\boldsymbol{R}_L^{-1}$ 接近于实际协方差矩阵的逆，从这个角度考虑，我们又希望

$$\frac{\eta}{\sigma^2 + \sigma_n^2} \ll 1$$

即

$$\sigma^2 \gg \eta - \sigma_n^2 \tag{4.24}$$

综合考虑以上两个因素，我们选择加载量的范围为

$$\eta \leqslant \sigma^2 < \boldsymbol{R}_x(i,i) \tag{4.25}$$

式(4.25)中，下限取 η 是为了满足式(4.24)的约束条件，尽量降低协方差矩阵误差对波束形成的影响，而上限取 $\boldsymbol{R}_x(i,i)$ 是使 $(\boldsymbol{R}_x + \sigma^2\boldsymbol{I})^{-1}$ 接近于 $\boldsymbol{R}_x^{-1}$，从而保证对干扰的抑制作用不会变得很差。这里 $\boldsymbol{R}_x(i,i)$ 表示 $\boldsymbol{R}_x$ 的对角元素，对于实际的协方差矩阵，其对角元素是相同的，即 $\boldsymbol{R}_x(1,1) = \cdots = \boldsymbol{R}_x(M,M)$。

实际中，真实的协方差矩阵很难获得，我们利用采样协方差矩阵 $\hat{\boldsymbol{R}}_x$ 中估计其对角元素为

$$\tilde{\boldsymbol{R}}_x(i,i) = \mathrm{tr}(\hat{\boldsymbol{R}}_x)/M \tag{4.26}$$

误差 η 也可以用协方差矩阵对角元素的标准差估计[142]，即

$$\eta = \mathrm{std}[\mathrm{diag}(\hat{\boldsymbol{R}}_x)] \tag{4.27}$$

式中：diag(·)表示矩阵的对角元素；std(·)表示标准差。因此，加载量的选取范围为

$$\mathrm{std}[\mathrm{diag}(\hat{\boldsymbol{R}}_x)] \leqslant \sigma^2 < \mathrm{tr}(\hat{\boldsymbol{R}}_x)/M \tag{4.28}$$

一般可以取加载值

$$\sigma^2 = \mathrm{std}[\mathrm{diag}(\hat{\boldsymbol{R}}_x)] \tag{4.29}$$

我们将这种变对角加载方式记为 VLSMI(Variable Loaded Sample – Matrix Inversion)算法，该方法根据采样协方差矩阵的误差范围动态地调整加载量，计算简单，对小快拍和高 SNR 的稳健性优于固定对角加载方式。但是，由于加载量的选择只与采样协方差矩阵误差有关，在采样协方差矩阵误差不大(快拍数比较多或 SNR 比较高)时，加载量比较小，这时对导向矢量误差的稳健性就很差。

4.2.3 基于变对角加载的 RCB 算法

为了改善 VLSMI 算法对导向矢量误差的稳健性，我们在利用对角加载对采样协方差矩阵进行修正的同时，对导向矢量误差也进行了修正。

近年来，出现了一类利用导向矢量的不确定集搜索最优导向矢量的方法，如最差性能最优化法[66](WCPO)和稳健 Capon 波束形成方法[66](RCB)，这类方法在本质上是相同的。其中 RCB 算法求解最优导向矢量的问题表述为

$$\min_{\boldsymbol{a}} \boldsymbol{a}^{\mathrm{H}}\boldsymbol{R}_x^{-1}\boldsymbol{a}, \quad \mathrm{s.t.}\ \|\boldsymbol{a}-\boldsymbol{a}_s\|^2 \leqslant \varepsilon \tag{4.30}$$

式中：$\boldsymbol{a}_s$ 为预设导向矢量；ε 表示导向矢量误差范围。RCB 算法通过调整波束空间方向图将主波束对准期望信号，在维持期望信号输出功率基本不变的同时最小化干扰功率，加强对干扰的抑制能力。

由于 RCB 算法的对角加载量与导向矢量误差范围成正比，当导向矢量误差比较小时，加载量也比较小，此时，如果快拍数很少，$\boldsymbol{R}_x$ 采用采样协方差矩阵 $\hat{\boldsymbol{R}}_x$ 代替时性能会有较大损失。为了改善这种情况，我们采用 VLSMI 算法中修正的协方差矩阵代替采样协方差矩阵，该最优化问题可以表示为

$$\min_{\boldsymbol{a}} \boldsymbol{a}^{\mathrm{H}}(\hat{\boldsymbol{R}}_x + \sigma^2\boldsymbol{I})\boldsymbol{a}, \quad \mathrm{s.t.}\ \|\boldsymbol{a}-\boldsymbol{a}_s\|^2 \leqslant \varepsilon \tag{4.31}$$

式中：σ^2 即为 VLSMI 算法中确定的加载量。为避免无用解 $\boldsymbol{a} = 0$，可假设 $\|\boldsymbol{a}\| > \sqrt{\varepsilon}$，此时，式(4.31)的解在约束集的边界[67]，因此，不等式约束可以写

成等式约束,即

$$\min_{a} \boldsymbol{a}^{\mathrm{H}}(\hat{\boldsymbol{R}}_x + \sigma^2\boldsymbol{I})\boldsymbol{a}, \quad \text{s.t.}\ \|\boldsymbol{a} - \boldsymbol{a}_s\|^2 = \varepsilon \tag{4.32}$$

运用拉格朗日因子法构造函数为

$$F(\boldsymbol{a},\lambda) \triangleq \boldsymbol{a}^{\mathrm{H}}(\hat{\boldsymbol{R}}_x + \sigma^2\boldsymbol{I}) + \gamma(\|\boldsymbol{a} - \boldsymbol{a}_s\|^2 - \varepsilon) \tag{4.33}$$

式中:$\gamma \geqslant 0$ 是实值拉格朗日因子。式(4.33)对 $\boldsymbol{a}^{\mathrm{H}}$ 求导,并令导数为0,得到

$$\boldsymbol{a} = \left[\frac{(\hat{\boldsymbol{R}}_x + \sigma^2\boldsymbol{I})^{-1}}{\gamma} + \boldsymbol{I}\right]^{-1}\boldsymbol{a}_s \tag{4.34}$$

由矩阵求逆理论,式(4.34)进一步可写为

$$\boldsymbol{a} = \boldsymbol{a}_s - (\boldsymbol{I} + \gamma\sigma^2\boldsymbol{I} + \gamma\hat{\boldsymbol{R}}_x)^{-1}\boldsymbol{a}_s \tag{4.35}$$

将式(4.35)代入式(4.32)的约束条件中,可以得到

$$\|(\boldsymbol{I} + \gamma\sigma^2\boldsymbol{I} + \gamma\hat{\boldsymbol{R}}_x)^{-1}\boldsymbol{a}_s\|^2 = \varepsilon \tag{4.36}$$

利用 $\hat{\boldsymbol{R}}_x$ 的特征值分解式,可以得出

$$\|\boldsymbol{E}(\boldsymbol{I} + \gamma\sigma^2\boldsymbol{I} + \gamma\boldsymbol{\Lambda})^{-1}\boldsymbol{E}^{\mathrm{H}}\boldsymbol{a}_s\|^2 = \varepsilon \tag{4.37}$$

即

$$J(\gamma) \triangleq \sum_{m=1}^{M}\frac{|z_m|^2}{(1 + \gamma\sigma^2 + \gamma\lambda_m)^2} = \varepsilon \tag{4.38}$$

式中:z_m 表示 $\boldsymbol{E}^{\mathrm{H}}\boldsymbol{a}_s$ 的第 m 个元素。可以看出,$J(\gamma)$ 是关于 γ 的单调递减函数。当 $\gamma = 0$ 时,$J(\gamma) = \|\boldsymbol{a}_s\|^2 > \varepsilon$;当 $\gamma \to \infty$ 时,$J(\gamma) \to 0$。因此,对于给定的 ε,存在唯一的 γ 使上式成立。分别用最大特征值和最小特征值 λ_1 和 λ_M 代替上式中的 λ_m,可以得到 γ 的上下界范围为

$$\frac{\|\boldsymbol{a}_s\| - \sqrt{\varepsilon}}{(\sigma^2 + \lambda_1)\sqrt{\varepsilon}} \leqslant \gamma \leqslant \frac{\|\boldsymbol{a}_s\| - \sqrt{\varepsilon}}{(\sigma^2 + \lambda_M)\sqrt{\varepsilon}} \tag{4.39}$$

利用牛顿迭代法在上述范围内求解 γ,将求得的 γ 代入到式(4.38)中可以得到修正的导向矢量 $\boldsymbol{a}$,再结合修正的协方差矩阵,代入到MVDR权值求解公式中,可以得到自适应权值。我们将这种方法简记为VRCB(Variable Robust Capon Beamforming)算法,其自适应权为

$$\begin{aligned}\boldsymbol{w}_{\mathrm{VRCB}} &= \frac{(\hat{\boldsymbol{R}}_x + \sigma^2\boldsymbol{I})^{-1}\boldsymbol{a}}{\boldsymbol{a}^{\mathrm{H}}(\hat{\boldsymbol{R}}_x + \sigma^2\boldsymbol{I})^{-1}\boldsymbol{a}} \\ &= \frac{(\hat{\boldsymbol{R}}_x + \sigma^2\boldsymbol{I} + \gamma^{-1}\boldsymbol{I})^{-1}\boldsymbol{a}_s}{\boldsymbol{a}_s^{\mathrm{H}}(\hat{\boldsymbol{R}}_x + \sigma^2\boldsymbol{I} + \gamma^{-1}\boldsymbol{I})^{-1}(\hat{\boldsymbol{R}}_x + \sigma^2\boldsymbol{I})(\hat{\boldsymbol{R}}_x + \sigma^2\boldsymbol{I} + \gamma^{-1}\boldsymbol{I})^{-1}\boldsymbol{a}_s}\end{aligned} \tag{4.40}$$

可以看出，VRCB 算法的主要运算量来自于特征值分解和矩阵求逆上，其计算过程和复杂度同 RCB 算法是一样的，因此，可以利用 RCB 算法的一些快速算法[144-145]降低计算量。

4.2.4 计算机仿真分析

这里通过仿真验证 VRCB 算法的性能，并将其与 LSMI、VLSMI 和 RCB 算法相比较。

例 4.4 VRCB 算法的性能。

设期望信号方向为 0°，预设波束方向 1°，则有 $\|\boldsymbol{a}(0^\circ)-\boldsymbol{a}(1^\circ)\|^2\approx 0.85$，RCB 和 VRCB 算法中取 $\varepsilon=0.85$，LSMI 算法中取加载量为 10dB，协方差矩阵采用有限快拍的估计值，其余条件同例 4.2，观察快拍数 K 分别取 10、20、100、1000 时几种算法的输出 SINR 随输入 SNR 变化的曲线如图 4.8 所示。从图中可以看出，在 $K=10$ 时，VRCB 算法的输出 SINR 比 RCB 算法高出近 5dB，这是因为此时协方差矩阵误差很大，而指向误差较小，RCB 算法根据指向误差得到的加载量较小，不足以同时克服指向误差和协方差矩阵误差，而 VRCB 算法同时对协方差矩阵进行了修正，因此，具有更好的稳健性；随着快拍数的增多，RCB 算法的性能越来越接近 VRCB 算法，而 VLSMI 算法的性能相对于 LSMI 算法却有所下降，这是由于 VLSMI 算法仅根据协方差矩阵误差选取加载量，在快拍数很多且输入 SNR 不是很高的情况下，选取的加载量很小，不足以同时克服指向误差和协方差矩阵误差，因此，这时性能会很差。

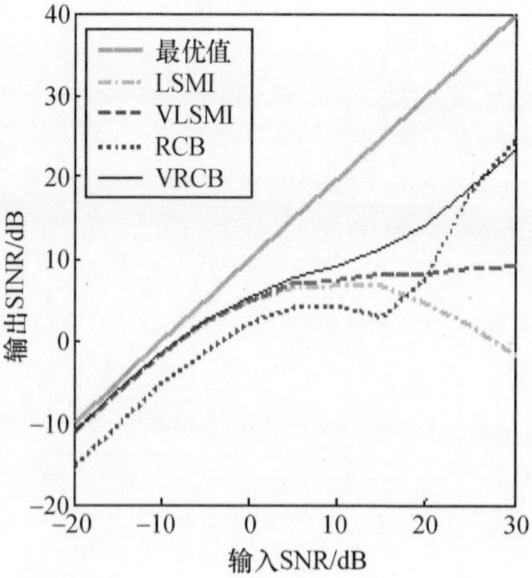

(a)

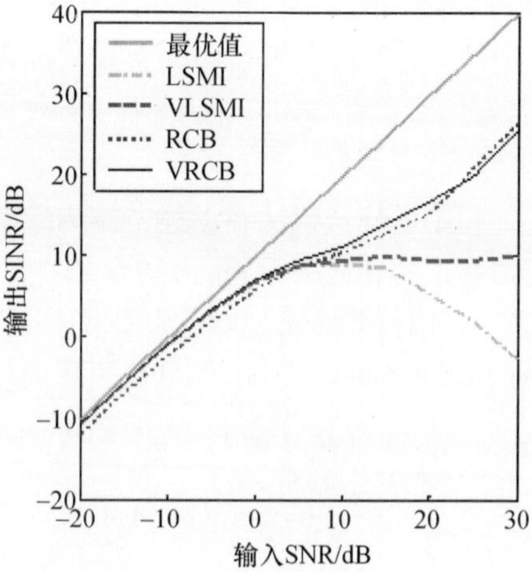

(b)

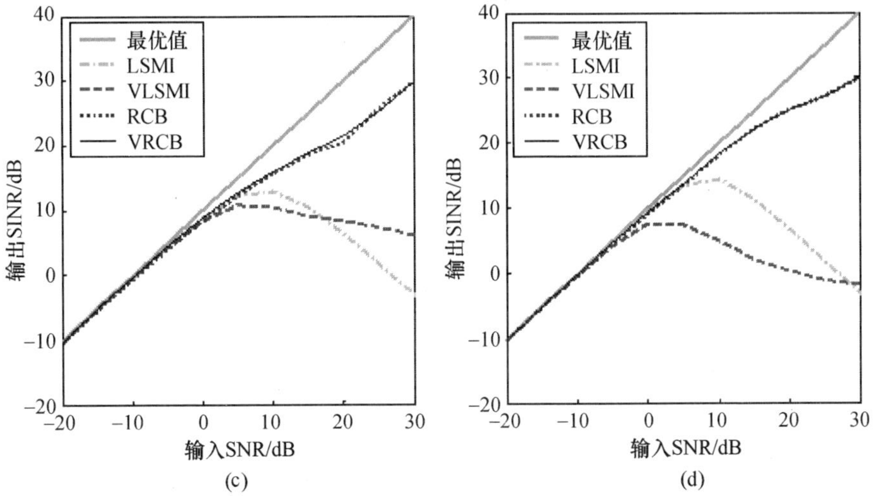

图 4.8　VRCB 算法的输出 SINR 随输入 SNR 的变化曲线

(a) $K=10$；(b) $K=20$；(c) $K=100$；(d) $K=1000$。

观察 SNR = 0dB 时各种方法在不同快拍时的波束图如图 4.9 所示。从图中可以看出，LSMI 算法在快拍数适中时性能达到除 VRCB 算法以外的最优，VLSMI 算法在快拍数最少时性能达到除 VRCB 算法以外的最优，RCB 算法则在快拍数最多时性能达到除 VRCB 算法以外的最优。在快拍数较多时，RCB 算法的波束形状与 VRCB 算法基本一致，但在快拍数较少时，RCB 算法的旁瓣水平很高，$K=10$ 时高达 -5dB。这一点虽然可以通过增大导向矢量误差范围 ε 改善，但增大的度不好确定。VRCB 算法在小快拍数和大快拍数时都保持了很好的波束形状，旁瓣水平低于其他 3 种方法，在干扰处也形成了较深的零陷，波束性能优于其他几种方法。

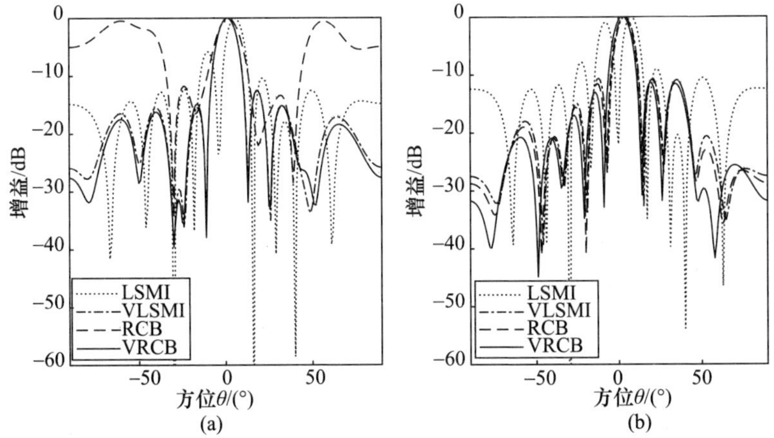

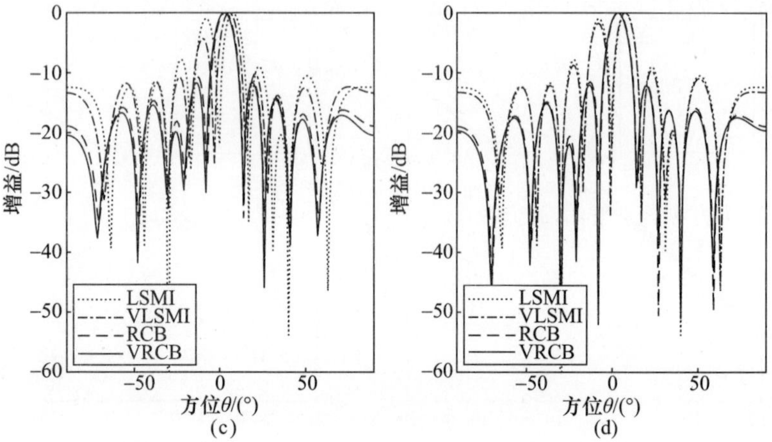

图 4.9 VRCB 算法的波束图
(a) $K=10$；(b) $K=20$；(c) $K=100$；(d) $K=1000$。

从上述仿真分析中可以看出，VRCB 算法可以同时根据导向矢量误差和协方差矩阵误差动态调整加载量，比 LSMI、VLSMI、RCB 算法都具有更好的稳健性，是一种性能较好的稳健的自适应波束形成方法。

4.3 前后向平滑技术

协方差矩阵误差一方面取决于快拍数，另一方面还取决于估计方法，目前最常用的最大似然(Maximum Likelihood，ML)法，实现简单，但是要满足输出 SINR 损失小于 3dB 的要求，要求快拍数 $K>2M$，当输入 SNR 较高时，需要更多的快拍数。最近提出的快速最大似然法[84]允许 $K<M$，但前提是已知信号的先验概率。前后向平滑(FBS)技术最初在定向问题中提出，后来在波束形成中得到广泛应用[83]，它可以降低 ML 估计由于有限数据平均而等效的信号之间的相关性，将等效的快拍数加倍，具有更大的阵列增益。

4.3.1 前后向平滑估计基本原理

设采样快拍数为 K，各个采样点是相互独立的零均值复高斯随机矢量，第 m 个阵元的第 k 个采样数据为 $x_m(k)$，则前、后向阵列输出分别为

$$\begin{cases}\boldsymbol{x}_f(k) = [x_1(k)x_2(k)\cdots x_M(k)]^{\mathrm{T}} = \boldsymbol{x}(k)\\ \boldsymbol{x}_b(k) = [x_M^*(k)x_{M-1}^*(k)\cdots x_1^*(k)]^{\mathrm{T}} = \boldsymbol{J}_M\boldsymbol{x}^*(k)\end{cases} \tag{4.41}$$

式中：$\boldsymbol{J}$ 为次对角线元素为 1、其余为 0 的方阵；下标为其维数。左乘 $\boldsymbol{J}_M$ 等效于

对矩阵进行初等行变换。可以得出 $\boldsymbol{R}_x$ 的前后向估计分别为

$$\begin{cases}\hat{\boldsymbol{R}}_f = \dfrac{1}{K}\sum\limits_{k=1}^{K} \boldsymbol{x}_f(k)\,\boldsymbol{x}_f^{\mathrm{H}}(k) = \hat{\boldsymbol{R}}_x \\ \hat{\boldsymbol{R}}_b = \dfrac{1}{K}\sum\limits_{k=1}^{K} \boldsymbol{x}_b(k)\,\boldsymbol{x}_b^{\mathrm{H}}(k) = \boldsymbol{J}_M\hat{\boldsymbol{R}}_x^{*}\boldsymbol{J}_M\end{cases} \tag{4.42}$$

定义协方差矩阵的前后向平滑估计为

$$\hat{\boldsymbol{R}}_{fb} = \frac{\hat{\boldsymbol{R}}_f + \hat{\boldsymbol{R}}_b}{2} \tag{4.43}$$

令

$$\boldsymbol{X}_{fb} = \frac{1}{\sqrt{2}}[\boldsymbol{X} \quad \boldsymbol{J}_M \quad \boldsymbol{X}^{*}] \tag{4.44}$$

其中 $\boldsymbol{X} = [x(1),\cdots,x(K)]$，则有

$$\hat{\boldsymbol{R}}_{fb} = \frac{1}{K}\boldsymbol{X}_{fb}\boldsymbol{X}_{fb}^{\mathrm{H}} \tag{4.45}$$

可以看出，求解 $\hat{\boldsymbol{R}}_{fb}$ 时利用的数据矩阵由 K 列增加到了 $2K$ 列，相当于等效的快拍数增加了一倍，因此具有更高的阵列增益。

4.3.2 前后向平滑的实数实现方法

在前后向平滑估计中，$\boldsymbol{X}_{fb}$ 为 $2K\times M$ 维矩阵，求解 $\hat{\boldsymbol{R}}_{fb}$ 需要 $2KM^2$ 次复数乘法，即 $8KM^2$ 实数乘法运算。由于 $\hat{\boldsymbol{R}}_{fb}$ 满足 $\hat{\boldsymbol{R}}_{fb} = \boldsymbol{J}_M\hat{\boldsymbol{R}}_{\mathrm{fb}}^{*}\boldsymbol{J}_M$，因此，可以通过酉变换将 $\hat{\boldsymbol{R}}_{fb}$ 转换成实数矩阵，这是最大似然估计不具备的性质。如果将对复数矩阵的求解转换成对实数矩阵的求解，就可以大大减少前后平滑估计的计算量，下面给出一种利用实数计算 $\hat{\boldsymbol{R}}_{fb}$ 的方法。

定义酉变换矩阵为

$$\boldsymbol{Q} = \frac{1}{\sqrt{2}}\begin{bmatrix}\boldsymbol{I}_L & \mathrm{j}\boldsymbol{I}_L \\ \boldsymbol{J}_L & -\mathrm{j}\boldsymbol{J}_L\end{bmatrix} \quad (M\text{ 为偶数}, M=2L) \tag{4.46}$$

$$\boldsymbol{Q} = \frac{1}{\sqrt{2}}\begin{bmatrix}\boldsymbol{I}_L & \boldsymbol{0} & \mathrm{j}\boldsymbol{I}_L \\ \boldsymbol{0}^{\mathrm{T}} & \sqrt{2} & \boldsymbol{0}^{\mathrm{T}} \\ \boldsymbol{J}_L & \boldsymbol{0} & -\mathrm{j}\boldsymbol{J}_L\end{bmatrix} (M\text{ 为奇数}, M=2L+1) \tag{4.47}$$

式中：$\boldsymbol{I}$ 为单位矩阵①；下标为其维数。式(4.47)定义的酉变换矩阵 $\boldsymbol{Q}$ 有一个重

① 注：$\boldsymbol{I}$ 在无下标的情况下表示 M 维单位矩阵，有下标时下标表示其维数。

要的性质[147]，通过左乘 $\boldsymbol{Q}^{\mathrm{H}}$ 可以将一个共轭对称矢量变为实矢量。令

$$\begin{cases}\boldsymbol{z}_1(k)=\boldsymbol{x}_f(k)+\boldsymbol{x}_b(k)\\ \boldsymbol{z}_2(k)=\mathrm{j}\boldsymbol{x}_f(k)-\mathrm{j}\boldsymbol{x}_b(k)\end{cases}\tag{4.48}$$

可以证明

$$\begin{cases}z_1(k)=J_M z_1^*(k)\\ z_2(k)=J_M z_2^*(k)\end{cases}\tag{4.49}$$

因此，$\boldsymbol{z}_1(k)$、$\boldsymbol{z}_2(k)$ 都是共轭对称矢量，故令

$$\begin{cases}\boldsymbol{z}_{Q1}(k)=\boldsymbol{Q}^{\mathrm{H}}\boldsymbol{z}_1(k)\\ \boldsymbol{z}_{Q2}(k)=\boldsymbol{Q}^{\mathrm{H}}\boldsymbol{z}_2(k)\end{cases}\tag{4.50}$$

则 $\boldsymbol{z}_{Q1}(k)$、$\boldsymbol{z}_{Q2}(k)$ 都是实数矢量，其对应的样本协方差矩阵 $\hat{\boldsymbol{R}}_{Q1}$ 和 $\hat{\boldsymbol{R}}_{Q2}$ 分别为

$$\begin{aligned}\hat{\boldsymbol{R}}_{Q1}&=\frac{1}{K}\sum_{k=1}^{K}\boldsymbol{z}_{Q1}(k)\,\boldsymbol{z}_{Q1}^{\mathrm{H}}(k)\\&=\frac{1}{K}\sum_{k=1}^{K}\boldsymbol{Q}^{\mathrm{H}}\boldsymbol{z}_1(k)\,\boldsymbol{z}_1^{\mathrm{H}}(k)\boldsymbol{Q}\\&=\frac{1}{K}\sum_{k=1}^{K}\boldsymbol{Q}^{\mathrm{H}}\{[\boldsymbol{x}_f(k)+\boldsymbol{x}_b(k)][\boldsymbol{x}_f(k)+\boldsymbol{x}_b(k)]^{\mathrm{H}}\}\boldsymbol{Q}\\&=\boldsymbol{Q}^{\mathrm{H}}(\hat{\boldsymbol{R}}_f+\hat{\boldsymbol{R}}_{f,b}+\hat{\boldsymbol{R}}_{b,f}+\hat{\boldsymbol{R}}_b)\boldsymbol{Q}\end{aligned}\tag{4.51}$$

$$\begin{aligned}\hat{\boldsymbol{R}}_{Q2}&=\frac{1}{K}\sum_{k=1}^{K}\boldsymbol{z}_{Q2}(k)\,\boldsymbol{z}_{Q2}^{\mathrm{H}}(k)=\frac{1}{K}\sum_{k=1}^{K}\boldsymbol{Q}^{\mathrm{H}}\boldsymbol{z}_2(k)\,\boldsymbol{z}_2^{\mathrm{H}}(k)\boldsymbol{Q}\\&=\frac{1}{K}\sum_{k=1}^{K}\boldsymbol{Q}^{\mathrm{H}}\{[\mathrm{j}\,\boldsymbol{x}_f(k)-\mathrm{j}\,\boldsymbol{x}_b(k)][\mathrm{j}\,\boldsymbol{x}_f(k)-\mathrm{j}\,\boldsymbol{x}_b(k)]^{\mathrm{H}}\}\boldsymbol{Q}\\&=\boldsymbol{Q}^{\mathrm{H}}(\hat{\boldsymbol{R}}_f-\hat{\boldsymbol{R}}_{f,b}-\hat{\boldsymbol{R}}_{b,f}+\hat{\boldsymbol{R}}_b)\boldsymbol{Q}\end{aligned}\tag{4.52}$$

式中：$\hat{\boldsymbol{R}}_{f,b}=\sum_{k=1}^{K}\boldsymbol{x}_f(k)\,\boldsymbol{x}_b^{\mathrm{H}}(k)$；$\hat{\boldsymbol{R}}_{b,f}=\sum_{k=1}^{K}\boldsymbol{x}_b(k)\,\boldsymbol{x}_f^{\mathrm{H}}(k)$。$\hat{\boldsymbol{R}}_{Q1}$ 和 $\hat{\boldsymbol{R}}_{Q2}$ 相加可得

$$\hat{\boldsymbol{R}}_{Q1}+\hat{\boldsymbol{R}}_{Q2}=2\boldsymbol{Q}^{\mathrm{H}}(\hat{\boldsymbol{R}}_f+\hat{\boldsymbol{R}}_b)\boldsymbol{Q}\tag{4.53}$$

因此有

$$\hat{\boldsymbol{R}}_{fb}=\frac{1}{2}(\hat{\boldsymbol{R}}_f+\hat{\boldsymbol{R}}_b)=\frac{1}{4}\boldsymbol{Q}(\hat{\boldsymbol{R}}_{Q1}+\hat{\boldsymbol{R}}_{Q2})\,\boldsymbol{Q}^{\mathrm{H}}\tag{4.54}$$

可以看出，只需估计出两个实数矢量的协方差矩阵 $\hat{\boldsymbol{R}}_{Q1}$ 和 $\hat{\boldsymbol{R}}_{Q2}$，就可以得到前后向平滑估矩阵。令 $\boldsymbol{Z}_{Q1}=[z_{Q1}(1),\cdots,z_{Q1}(K)]$，$\boldsymbol{Z}_{Q1}=[z_{Q2}(1),\cdots,z_{Q2}(K)]$，$\hat{\boldsymbol{R}}_{Q1}$ 和 $\hat{\boldsymbol{R}}_{Q2}$ 还可以表示为

$$\hat{\boldsymbol{R}}_{Q1} = \frac{1}{K}\sum_{k=1}^{K} \boldsymbol{z}_{Q1}(k)\, \boldsymbol{z}_{Q1}^{\mathrm{H}}(k) = \frac{1}{K}\boldsymbol{Z}_{Q1}\boldsymbol{Z}_{Q1}^{\mathrm{H}} \tag{4.55}$$

$$\hat{\boldsymbol{R}}_{Q2} = \frac{1}{K}\sum_{k=1}^{K} \boldsymbol{z}_{Q2}(k)\, \boldsymbol{z}_{Q2}^{\mathrm{H}}(k) = \frac{1}{K}\boldsymbol{Z}_{Q2}\boldsymbol{Z}_{Q2}^{\mathrm{H}} \tag{4.56}$$

以上推导的方法与文献[143]中利用实数求解 $\hat{\boldsymbol{R}}_{fb}$ 的方法不同,不需要区分 M 是奇数还是偶数,实数矩阵的构造也比较简单。下面给出上述方法求解 $\hat{\boldsymbol{R}}_{fb}$ 的具体步骤。

(1) 令 $\boldsymbol{x}_f(k) = \boldsymbol{x}(k)$,$\boldsymbol{x}_b(k) = \boldsymbol{J}\boldsymbol{x}^*(k)$。

(2) 利用式(4.51)求解 $\boldsymbol{z}_1(k)$ 、$\boldsymbol{z}_2(k)$。

(3) 利用式(4.53)求解实数矢量 $\boldsymbol{z}_{Q1}(k)$ 、$\boldsymbol{z}_{Q2}(k)$。

(4) 利用式(4.57)求解 $\hat{\boldsymbol{R}}_{Q1}$ 和 $\hat{\boldsymbol{R}}_{Q2}$。

(5) 利用式(4.56)求解 $\hat{\boldsymbol{R}}_{fb}$。

由于 $\boldsymbol{Z}_{Q1}$ 和 $\boldsymbol{Z}_{Q2}$ 都为 $K \times M$ 维实数矩阵,求解 $\hat{\boldsymbol{R}}_{Q1}$ 和 $\hat{\boldsymbol{R}}_{Q2}$ 都需要 KM^2 次实数乘法,因此,求解 $\hat{\boldsymbol{R}}_{fb}$ 总共需要 $2KM^2$ 次实数乘法,运算量减少为原来的 25% 。

4.3.3 基于前后向平滑的稳健波束形成算法

将前后向平滑技术应用到稳健的波束形成算法中,可以获得小快拍时对指向误差的稳健性。并且前后向平滑估计的实数计算方法不仅可以将协方差矩阵估计的计算量减少 75% ,将其应用到自适应权的求解过程中,还可以进一步减小计算量。下面介绍前后向平滑技术和两种典型稳健算法(ESB 算法和 RCB 算法)的结合。

令 $\hat{\boldsymbol{R}}_Q = \frac{1}{4}(\hat{\boldsymbol{R}}_{Q1} + \hat{\boldsymbol{R}}_{Q2})$,则 $\hat{\boldsymbol{R}}_{fb} = \boldsymbol{Q}\hat{\boldsymbol{R}}_Q\boldsymbol{Q}^{\mathrm{H}}$。对于 ESB 算法,由于 $\boldsymbol{Q}$ 是酉矩阵,因此,$\hat{\boldsymbol{R}}_{fb}$ 与 $\hat{\boldsymbol{R}}_Q$ 具有相同的特征值。将两者的特征值都按从大到小的顺序排列,设其对应的第 i 个归一化正交特征矢量分别为 $\hat{\boldsymbol{e}}_i$ 、$\hat{\boldsymbol{v}}_i$,则有

$$\hat{\boldsymbol{e}}_i = \boldsymbol{Q}\hat{\boldsymbol{v}}_i \tag{4.57}$$

这样就可以对复数矩阵 $\hat{\boldsymbol{R}}_{fb}$ 的特征值分解问题转换为对实数矩阵 $\hat{\boldsymbol{R}}_Q$ 的特征值分解问题。令 $\hat{\boldsymbol{E}}_s = [\hat{\boldsymbol{e}}_1,\hat{\boldsymbol{e}}_2,\cdots,\hat{\boldsymbol{e}}_P]$,$\hat{\boldsymbol{V}}_s = [\hat{\boldsymbol{v}}_1,\hat{\boldsymbol{v}}_2,\cdots,\hat{\boldsymbol{v}}_P]$,其中 P 为信号个数,可以得出

$$\hat{\boldsymbol{E}}_s\hat{\boldsymbol{E}}_s^{\mathrm{H}} = \boldsymbol{Q}\hat{\boldsymbol{V}}_s(\boldsymbol{Q}\hat{\boldsymbol{V}}_s)^{\mathrm{H}} = \boldsymbol{Q}\hat{\boldsymbol{V}}_s\hat{\boldsymbol{V}}_s^{\mathrm{H}}\boldsymbol{Q}^{\mathrm{H}} \tag{4.58}$$

因此,ESB 算法的权矢量可以表示为

$$w_{\mathrm{ESB}} = \hat{E}_s \hat{E}_s^{\mathrm{H}} \frac{\hat{R}_{fb}^{-1} a_s}{a_s^{\mathrm{H}} \hat{R}_{fb}^{-1} a_s} = \frac{Q \hat{V}_s \hat{V}_s^{\mathrm{H}} Q^{\mathrm{H}} Q \hat{R}_Q^{-1} Q^{\mathrm{H}} a_s}{a_s^{\mathrm{H}} Q \hat{R}_Q^{-1} Q^{\mathrm{H}} a_s} = \frac{Q \hat{V}_s \hat{V}_s^{\mathrm{H}} \hat{R}_Q^{-1} a_Q}{a_Q^{\mathrm{H}} \hat{R}_Q^{-1} a_Q} \tag{4.59}$$

式中:$a_Q = Q^{\mathrm{H}} a_s$。由于 $\hat{V}_s$ 和 $\hat{R}_Q$ 都是实数矩阵,求解信号子空间投影矩阵和逆矩阵的运算量都减少了 75% 。ESB 算法中主要计算量集中在数据协方差构造、特征值分解和矩阵求逆上,这三者的计算量都减少了 75% ,因此,总的计算量也减少了大约 75% 。

对于 RCB 算法,其最优权为

$$w_{\mathrm{RCB}} = \frac{(R_x + \gamma^{-1} I)^{-1} a_s}{a_s (R_x + \gamma^{-1} I)^{-1} R_x (R_x + \gamma^{-1} I)^{-1} a_s} \tag{4.60}$$

式中:γ 满足

$$\sum_{m=1}^{M} \frac{|z_m|^2}{(1 + \gamma \lambda_m)^2} = \varepsilon \tag{4.61}$$

式中:$\lambda_1, \lambda_2, \cdots, \lambda_M$ 为 R_x 的从大到小排列的特征值,其对应的特征矢量为 e_1,$e_2, \cdots, e_M$,$E = [e_1, e_2, \cdots, e_M]$,$z = E^{\mathrm{H}} a_s$;$z_m$ 为 z 的第 m 个元素。利用牛顿迭代法求解上式可以得出 γ。在求解 γ 的过程中主要计算量来自于对 R_x 的特征分解,用 $\hat{R}_{fb}$ 代替 R_x,由于对 $\hat{R}_{fb}$ 的特征值分解问题可以转换为对实数矩阵 $\hat{R}_Q$ 的特征值分解问题,因此,可以将求解 γ 的运算量降低 75% 。在得到了 γ 后,将其代入 RCB 的权值求解公式中,并将 R_x 用 $\hat{R}_{fb}$ 代替,可得

$$\begin{aligned} w_{\mathrm{RCB}} &= \frac{(\hat{R}_{fb} + \gamma^{-1} I)^{-1} a_s}{a_s^{\mathrm{H}} (\hat{R}_{fb} + \gamma^{-1} I)^{-1} \hat{R}_{fb} (\hat{R}_{fb} + \gamma^{-1} I)^{-1} a_s} \\ &= \frac{(Q \hat{R}_Q Q^{\mathrm{H}} + \gamma^{-1} Q Q^{\mathrm{H}})^{-1} a_s}{a_s^{\mathrm{H}} (Q \hat{R}_Q Q^{\mathrm{H}} + \gamma^{-1} Q Q^{\mathrm{H}})^{-1} \hat{R}_{fb} (Q \hat{R}_Q Q^{\mathrm{H}} + \gamma^{-1} Q Q^{\mathrm{H}})^{-1} a_s} \\ &= \frac{Q (\hat{R}_Q + \gamma^{-1} I)^{-1} Q^{\mathrm{H}} a_s}{a_s^{\mathrm{H}} Q (\hat{R}_Q + \gamma^{-1} I)^{-1} \hat{R}_Q (\hat{R}_Q + \gamma^{-1} I)^{-1} Q^{\mathrm{H}} a_s} \end{aligned} \tag{4.62}$$

这样就将 RCB 算法中的主要计算量来源都由复数运算转换成了实数运算,总计算量减少了约 75% 。

4.3.4 计算机仿真分析

用 ESB_FB、RCB_FB 分别表示采用前后向平滑估计的 ESB 和 RCB 算法。

下面通过计算机仿真验证存在指向误差时基于前后向平滑的稳健波束形成算法的性能。

例 4.5 ESB_FB 算法的性能。

设期望信号方向为 0°，预设波束方向 2°，其余条件同例 4.4。图 4.10(a)显示了输入 SNR 为 10dB 时 ESB 算法和 ESB_FB 算法的阵列增益随快拍数变化的曲线。可以看出，ESB_FB 算法比常规 ESB 算法具有更快的收敛速度；在

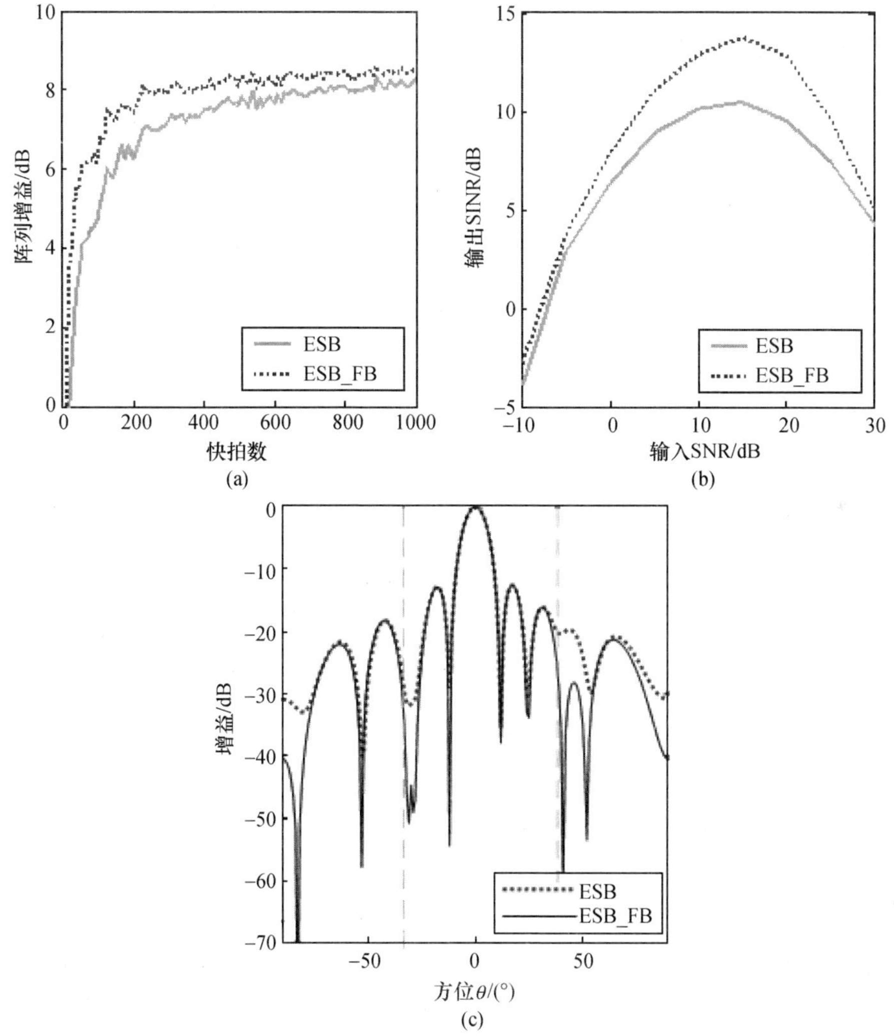

图 4.10 ESB_FB 算法的性能

(a)阵增益随快拍数变换曲线；(b)输出 SINR 随输入 SNR 变化曲线；(c)波束图。

采用相同快拍数时，前者的输出 SINR 明显高于后者，这种差距随着快拍数的增大而减小。图 4.10(b)所示为快拍数 $K=20$ 时两种方法的输出 SINR 随输入 SNR 变化的曲线，也可以看出，ESB_FB 算法的输出 SINR 要高于常规 ESB 算法。图 4.10(c)所示为 SNR = 10dB、$K=20$ 时两种 ESB 算法波束图，从图 4.10 中可以看出，在快拍数比较少时，虽然 ESB 算法也能克服指向误差的影响，将主瓣指向了 0°的期望信号方向，但没能在干扰方向有效地形成零陷，对干扰方向的抑制作用很差。ESB_FB 算法在两个干扰方向的响应分别由 -20dB 和 -30dB 降至 -35dB 和 -50dB，抗干扰能力大大提高。

例 4.6　RCB_FB 算法的性能。

仿真条件同例 4.5。图 4.11(a)、(b)分别为 RCB 算法和 RCB_FB 算法的输出性能随快拍数和输入 SNR 变化的曲线。从图中可以看出，RCB_FB 算法具有比常规 RCB 算法略高的阵列增益，两者的差距要小于 ESB 和 ESB_FB 算法的差距，这是因为 RCB 算法根据数据协方差矩阵的特征值分布选择加载量，在快拍数少时，其加载量会大些，因此，RCB 算法和 RCB_FB 的差距要小一些。图 4.11(c)为 SNR = 10dB、$K=20$ 时两种 RCB 算法波束图。从图中可以看出，同 ESB 算法的主轴方向一直在期望信号方向不同，RCB 算法对指向误差的稳健性会受到快拍数的影响，在快拍数较少时，虽然期望信号位于波束的主瓣内，但主轴并不在期望信号方向，而 RCB_FB 算法由于等效的快拍数加倍，主轴比 RCB 算法更接近于期望信号方向，旁瓣水平低了约 2dB，在干扰处的零陷也更深。

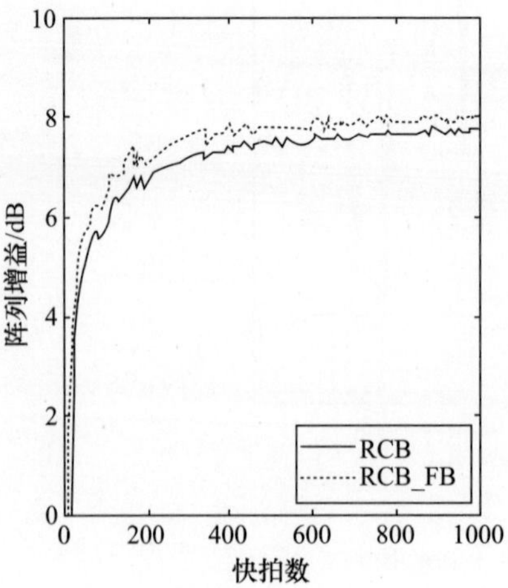

(a)

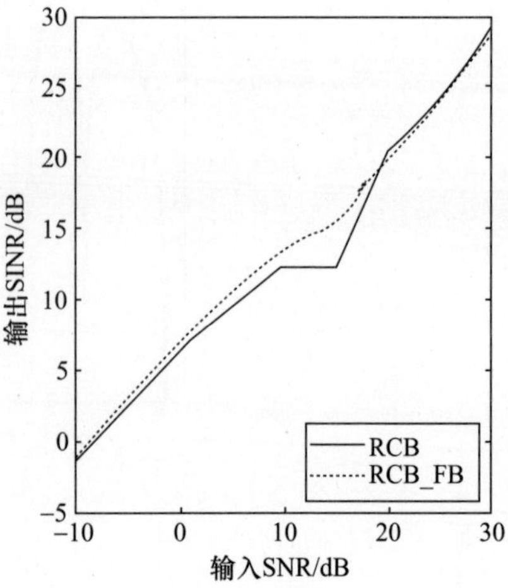

(b)

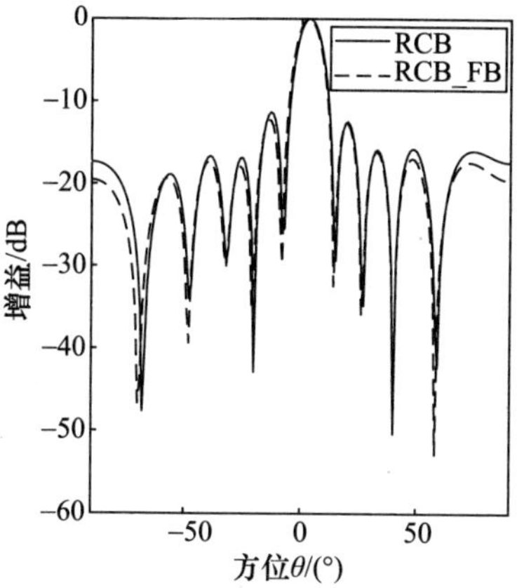

(c)

图 4.11 RCB_FB 算法的性能

(a)阵增益随快拍数变换曲线；(b)输出 SINR 随输入 SNR 变化曲线；(c)波束图。

从上述分析中可以看出,将前后向平滑技术与对指向误差具有稳健性的波束形成算法结合,不仅可以提高自适应波束形成在小快拍时的性能,还可以利用其实数化算法大大降低求解自适应权的运算量。实际上,这种前后向平滑的实数化算法可以应用到目前大部分利用样本协方差矩阵的自适应波束形成方法中,在不同程度上降低运算量和改善稳健性。

第5章　动态干扰抑制技术

自适应波束形成器能够在干扰方向自动形成零陷达到抑制干扰的目的,但在一般的窄带情况下,形成的干扰零陷很窄,并且非常陡峭。在高动态环境下,由于天线平台的快速运动,造成干扰的入射方向变化较快,很可能使干扰方向移出天线方向图的零陷位置,从而使常规的自适应零陷算法失效。为了保证处理时间内干扰始终处于零陷内,需要人为设计较宽的零陷。

本章讨论了可以在高动态环境中有效抑制干扰信号的零陷展宽技术。介绍了几种常用的零陷展宽算法,通过计算机仿真验证了其性能,并分析几种方法之间的联系,将虚拟矢量旋转法也归纳到了 Mailloux 算法的范畴;对另一种零陷展宽方法——DDCs 算法进行了研究,仿真分析了导数约束阶数对其性能的影响,并比较了其与 MZ(Maliuzhinets)算法的零陷宽度之间的关系;将零陷展宽方法与稳健的自适应波束形成算法结合,改善了小快拍和存在指向误差时零陷展宽算法的性能;推导了零陷展宽算法的递推实现方法,对对角加载后的矩阵进行了处理,使对角加载零陷展宽方法也能采用递推方式实现,并对影响几种锥化矩阵的秩进行了分析。

5.1　协方差矩阵锥化法

5.1.1　Mailloux 法

Mailloux 提出了用假想分布源的方法展宽零点波束的方法,是最早的协方差矩阵锥消法[85],通过假想在干扰附近存在多个干扰源,用点源改成扩展源后的协方差矩阵代替原协方差矩阵,代入到 MVDR 波束形成中,使自适应波束形成在扩展源扇面形成凹槽,得到展宽的零陷。

设有 P 个点源干扰信号入射,以第 i 个干扰源为例,假设该干扰源为 θ_i 方向左右附近按 $\sin\theta$ 均匀间隔分布的 L 个等强度干扰源,每个干扰功率为 σ_i^2/L。若这些干扰源在 $\sin\theta$ 域所占宽度为 W,则它们之间的间隔为 $\delta = W/(L-1)$。得出扩展后的协方差矩阵的第 m 行、第 n 列的元素为

$$\boldsymbol{R}_{\mathrm{Mai}(m,n)} = \frac{\sin(L\Lambda_{mn})}{L\sin(\Lambda_{mn})}\boldsymbol{R}_{x(m,n)} \tag{5.1}$$

式中：$\boldsymbol{R}_{x(m,n)}$ 为 $\boldsymbol{R}_x$ 的第 m 行、第 n 列的元素；$\Lambda_{mn} = \pi(x_m - x_n)\delta/\lambda$，$x_m$、$x_n$ 分别为第 m、n 个阵元的位置。对于间距为半波长的等距线阵，有 $\Lambda_{mn} = \pi(m - n)\delta/2$。写成矩阵形式为

$$\boldsymbol{R}_{\mathrm{Mai}} = \boldsymbol{R}_x \circ \boldsymbol{T}_{\mathrm{Mai}} \tag{5.2}$$

式中："$\circ$"为 Hadamard 积，即两矩阵对应元素相乘；$\boldsymbol{T}_{\mathrm{Mai}}$ 的第 (m,n) 项为 $\sin(L\Lambda_{mn})/L\sin(\Lambda_{mn})$。

由于干扰源由点源展宽在一定区域分布的扩展源，因此，波束形成的零点也随之展宽。值得指出的是，由于将点源改成扇面扩展源后，单个干扰的功率下降，零点展宽的同时凹槽深度变浅。

5.1.2 Zatman 法

Zatman 提出了另一种波束零点展宽方法[85]，他用具有矩形窗频谱函数的带通干扰代替窄带干扰，带通干扰中心频率与原干扰频率 f_0 相同，带宽为 b_W。对于从 θ_d 方向入射的干扰源，用带通干扰代替窄带干扰后的协方差矩阵的第 m 行、第 n 列元素为

$$\boldsymbol{R}_{\mathrm{Zat}(m,n)} = \frac{1}{b_W}\int_{f_0 - b_W/2}^{f_0 - b_W/2}\boldsymbol{R}_{x(m,n)}(f)\,\mathrm{d}f = \frac{\sin(\pi b_W\tau_{mn})}{\pi b_W\tau_{mn}}\boldsymbol{R}_{x(m,n)} \tag{5.3}$$

式中：$\boldsymbol{R}_{x(m,n)}(f) = \exp(\mathrm{j}2\pi f\tau_{mn})$；$\tau_{mn} = (x_m - x_n)\sin\theta_d/c$。对于间距为半波长的等距线阵，有 $\tau_{mn} = (m - n)\sin\theta_d/2f_0$。比较 $\boldsymbol{R}_{\mathrm{Zat}(m,n)}$ 和 $\boldsymbol{R}_{\mathrm{Mai}(m,n)}$ 的表达式，若令 $L\Lambda_{mn} = \pi b_W\tau_{mn}$，可以得出

$$W = b_W\sin\theta_d/f_0 \tag{5.4}$$

这样，$\boldsymbol{R}_{\mathrm{Zat}(m,n)}$ 就可以表示为

$$\boldsymbol{R}_{\mathrm{Zat}(m,n)} = \frac{\sin(\pi W(m - n)/2)}{\pi W(m - n)/2}\boldsymbol{R}_{x(m,n)} = \mathrm{sinc}[W(m - n)/2]\boldsymbol{R}_{x(m,n)} \tag{5.5}$$

写成矩阵的形式为

$$\boldsymbol{R}_{\mathrm{Zat}} = \boldsymbol{R}_x \circ \boldsymbol{T}_{\mathrm{Zat}} \tag{5.6}$$

式中：$\boldsymbol{T}_{\mathrm{Zat}}$ 的第 m 行、第 n 列元素为 $\mathrm{sinc}[W(m - n)/2]$。可见，要设计宽度为 W 的凹槽，可直接利用式(5.5)计算扩展后的协方差矩阵。

5.1.3 协方差矩阵锥化法

Guerci 将 Mailloux 法和 Zatman 法统一为协方差矩阵锥化(CMT)法的形式[87]。

将阵列接收的快拍数据 $\boldsymbol{x}(k)$ 简记为 $\boldsymbol{x}$，则其协方差矩阵为

$$\boldsymbol{R}_x = \mathrm{cov}(\boldsymbol{x}) = \mathrm{E}[\boldsymbol{x}\boldsymbol{x}^{\mathrm{H}}] \tag{5.7}$$

假设由于随机扰动矢量 $\boldsymbol{z}$，使 $\boldsymbol{x}$ 变成了 $\boldsymbol{y}$，即

$$\boldsymbol{y} = \boldsymbol{x} \circ \boldsymbol{z} \tag{5.8}$$

式中：$\boldsymbol{z}$ 为非相关零均值、广义平稳的矢量随机过程，且满足 $\mathrm{cov}(\boldsymbol{z}) = \boldsymbol{T}$，则有

$$\boldsymbol{R}_y = \mathrm{E}[\boldsymbol{y}\boldsymbol{y}^{\mathrm{H}}] = \boldsymbol{R}_x \circ \boldsymbol{T} \tag{5.9}$$

将 MVDR 优化问题中的 $\boldsymbol{R}_x$ 用 $\boldsymbol{y}$ 的协方差矩阵 $\boldsymbol{R}_y$ 代替，即可得到锥化后的最优权。

考虑一均匀线阵，设干扰存在一定方向扰动，造成阵列响应矢量产生相位扰动，扰动矢量为

$$\boldsymbol{z} = \tilde{\boldsymbol{e}} = [1, \cdots, \mathrm{e}^{\mathrm{j}m\varphi}, \cdots, \mathrm{e}^{\mathrm{j}(M-1)\tilde{\varphi}}]^{\mathrm{T}} \tag{5.10}$$

这里假设 $\tilde{\varphi}$ 为零均值均匀分布的随机变量，满足 $-\Delta \leqslant \tilde{\varphi} \leqslant \Delta$，则 $\boldsymbol{z}$ 的协方差矩阵 $\boldsymbol{T}_{\mathrm{MZ}} = \mathrm{cov}[\tilde{\boldsymbol{e}}]$ 的第 m 行、第 n 列元素为

$$\boldsymbol{T}_{\mathrm{MZ}(m,n)} = \frac{\sin[(m-n)\Delta]}{(m-n)\Delta} = \mathrm{sinc}[(m-n)\Delta/\pi] \tag{5.11}$$

$\boldsymbol{T}_{\mathrm{MZ}}$ 是 CMT 算法中的一种常用的锥化矩阵，我们将采用 $\boldsymbol{T}_{\mathrm{MZ}}$ 时的 CMT 算法称为 MZ 算法。

5.1.4 虚拟矢量旋转法

设入射方向为 θ_i 的干扰信号，其方位变化范围为 $\pm\Delta\theta$，要使波束在 θ_i 方向形成宽度为 $2\Delta\theta$ 的凹槽，可以将动干扰等效为 2 个方位分别为 $\theta_i \pm \Delta\theta$ 的静态干扰，这 2 个干扰对应的导向矢量为

$$\begin{cases} \boldsymbol{a}(\theta_i + \Delta\theta) = [1, \exp(\mathrm{j}\varphi_1), \cdots, \exp(\mathrm{j}(M-1)\varphi_1)]^{\mathrm{T}} \\ \boldsymbol{a}(\theta_i - \Delta\theta) = [1, \exp(\mathrm{j}\varphi_2), \cdots, \exp(\mathrm{j}(M-1)\varphi_2)]^{\mathrm{T}} \end{cases} \tag{5.12}$$

式中：$\varphi_1 = \pi\sin(\theta_i + \Delta\theta)$；$\varphi_2 = \pi\sin(\theta_i - \Delta\theta)$。当 $\Delta\theta$ 很小时，有

$$\begin{cases} \varphi_1 \approx \pi(\sin\theta_i + \Delta\theta\cos\theta_i) = \varphi + \Delta\varphi \\ \varphi_2 \approx \pi(\sin\theta_i - \Delta\theta\cos\theta_i) = \varphi - \Delta\varphi \end{cases} \tag{5.13}$$

式中：$\varphi = \pi\sin\theta_i$；$\Delta\varphi = \pi\Delta\theta\cos\theta_i$。因此，有

$$\begin{cases} \boldsymbol{a}(\theta_i + \Delta\theta) \approx [1, \exp(\mathrm{j}\varphi)\exp(\mathrm{j}\Delta\varphi), \cdots, \exp(\mathrm{j}(M-1)\varphi)\exp(\mathrm{j}(M-1)\Delta\varphi)]^{\mathrm{T}} \\ \boldsymbol{a}(\theta_i - \Delta\theta) \approx [1, \exp(\mathrm{j}\varphi)\exp(-\mathrm{j}\Delta\varphi), \cdots, \exp(\mathrm{j}(M-1)\varphi)\exp(-\mathrm{j}(M-1)\Delta\varphi)]^{\mathrm{T}} \end{cases} \tag{5.14}$$

令 $\boldsymbol{B} = \mathrm{diag}\{1, \exp(\mathrm{j}\Delta\varphi), \cdots, \exp(\mathrm{j}(M-1)\Delta\varphi)\}$，可以得到

$$
\begin{cases}
\boldsymbol{a}(\theta_i + \Delta\theta) \approx \boldsymbol{Ba}(\theta_i) \\
\boldsymbol{a}(\theta_i - \Delta\theta) \approx \boldsymbol{B}^{\mathrm{H}}\boldsymbol{a}(\theta_i)
\end{cases}
\tag{5.15}
$$

考虑有 P 个干扰信号入射的情况，干扰方向旋转 $\pm\Delta\theta$ 后阵列接收信号可以分别表示为

$$
\begin{aligned}
\boldsymbol{x}_+(t) &\approx \sum_{i=1}^{P} \boldsymbol{Ba}(\theta_i)i(t) + n(t) \\
\boldsymbol{x}_-(t) &\approx \sum_{i=1}^{P} \boldsymbol{B}^{\mathrm{H}}\boldsymbol{a}(\theta_i)i(t) + n(t)
\end{aligned}
\tag{5.16}
$$

分别求协方差矩阵可得

$$
\begin{aligned}
\boldsymbol{R}_{x_+} &= \boldsymbol{BA}_i\boldsymbol{R}_i\boldsymbol{A}_i^{\mathrm{H}}\boldsymbol{B}^{\mathrm{H}} + \sigma_n^2\boldsymbol{I} = \boldsymbol{B}(\boldsymbol{A}_i\boldsymbol{R}_i\boldsymbol{A}_i^{\mathrm{H}} + \sigma_n^2\boldsymbol{I})\boldsymbol{B}^{\mathrm{H}} = \boldsymbol{BR}_x\boldsymbol{B}^{\mathrm{H}} \\
\boldsymbol{R}_{x_-} &= \boldsymbol{B}^{\mathrm{H}}\boldsymbol{A}_i\boldsymbol{R}_i\boldsymbol{A}_i^{\mathrm{H}}\boldsymbol{B} + \sigma_n^2\boldsymbol{I} = \boldsymbol{B}^{\mathrm{H}}(\boldsymbol{A}_i\boldsymbol{R}_i\boldsymbol{A}_i^{\mathrm{H}} + \sigma_n^2\boldsymbol{I})\boldsymbol{B} = \boldsymbol{BR}_x\boldsymbol{B}^{\mathrm{H}}
\end{aligned}
\tag{5.17}
$$

式中：$\boldsymbol{R}_i = \mathrm{diag}\{\sigma_1^2, \sigma_2^2, \cdots, \sigma_p^2\}$；$\boldsymbol{A}_i = [\boldsymbol{a}(\theta_1), \boldsymbol{a}(\theta_2), \cdots, \boldsymbol{a}(\theta_p)]$。式(5.17)是在信号分成两部分时得出的，在计算时需要将两个矩阵进行算术平均，得到协方差矩阵为

$$
\boldsymbol{R}_{\mathrm{VR}} = \frac{1}{2}(\boldsymbol{R}_{x_+} + \boldsymbol{R}_{x_-}) = \frac{1}{2}(\boldsymbol{BR}_x\boldsymbol{B}^{\mathrm{H}} + \boldsymbol{B}^{\mathrm{H}}\boldsymbol{R}_x\boldsymbol{B})
\tag{5.18}
$$

虚拟矢量旋转法就是用 $\boldsymbol{R}_{\mathrm{VR}}$ 代替 $\boldsymbol{R}_x$ 计算自适应权重以达到展宽零陷的目的。

5.1.5 几种方法的联系

首先比较 Mailloux 法和 Zatman 法展宽零陷的原理，前者是利用在宽度 W 内形成 L 个零点对抗 L 个离散的干扰，以到达扩展零陷的目的，而后者可以理解为宽度 W 内的连续干扰，因此，当 Mailloux 法中的干扰个数 $L\to\infty$ 时，这两种方法是等效的。这一点也可以从 $\boldsymbol{T}_{\mathrm{Zat}}$ 和 $\boldsymbol{T}_{\mathrm{Mai}}$ 的表达式中得出，当 W 一定时，若 $L\to\infty$，则 $\delta\to 0$，因此，$\sin(\Lambda_{mn})\to\Lambda_{mn}$，于是有

$$
\lim_{L\to\infty} \boldsymbol{T}_{\mathrm{Mai}(m,n)} = \lim_{L\to\infty} \frac{\sin(L\Lambda_{mn})}{L\sin(\Lambda_{mn})} = \frac{\sin[W\pi(m-n)/2]}{W\pi(m-n)/2} = \boldsymbol{T}_{\mathrm{Zat}(m,n)}
\tag{5.19}
$$

在 Mailloux 法和 Zatman 法中，零陷宽带 W 是在 $\sin\theta$ 域设置的，如果将 MZ 算法中的扰动量 $\tilde{\varphi}$ 也表示为 $\sin\theta$ 域中的量，则有 $\tilde{\varphi} = \pi\tilde{\omega}$，$\tilde{\omega}$ 即为相位在 $\sin\theta$ 域的扰动量。由 $-\Delta \leqslant \tilde{\varphi} \leqslant \Delta$ 可以推出 $-\Delta/\pi \leqslant \tilde{\omega} \leqslant \Delta/\pi$，令 $\Delta/\pi = W/2$，则有

$$
\boldsymbol{T}_{\mathrm{MZ}} = \boldsymbol{T}_{\mathrm{Zat}} = \lim_{L\to\infty} \boldsymbol{T}_{Mai}
\tag{5.20}
$$

可以看出，Zatman 法和 MZ 法是等价的，都等效于 $L\to\infty$ 时的 Mailloux 法。

对于虚拟矢量旋转法，由式(5.18)可以得出 $\boldsymbol{R}_{\mathrm{VR}}$ 的第 m 行、第 n 列元素为

$$
\boldsymbol{R}_{\mathrm{VR}(m,n)} = \frac{1}{2}[\mathrm{e}^{\mathrm{j}n\Delta\varphi}\boldsymbol{R}_{x(m,n)}\mathrm{e}^{-\mathrm{j}m\Delta\varphi} + \mathrm{e}^{-\mathrm{j}n\Delta\varphi}\boldsymbol{R}_{x(m,n)}\mathrm{e}^{\mathrm{j}m\Delta\varphi}] = \cos[(m-n)\Delta\varphi]\boldsymbol{R}_{x(m,n)}
\tag{5.21}
$$

因此,我们用 $\boldsymbol{T}_{\mathrm{VR}}$ 表示第 m 行、第 n 列元素为 $\cos[(m-n)\Delta\varphi]$ 的 M 维方阵,则有

$$\boldsymbol{R}_{\mathrm{VR}} = \boldsymbol{R}_x \circ \boldsymbol{T}_{\mathrm{VR}} \tag{5.22}$$

可见,虚拟矢量旋转法也可以看做是 CMT 算法的一种。为了更好地说明其与 CMT 算法的关系,现从另一角度进行推导虚拟矢量旋转法。假设在 $\theta_i \pm \Delta\theta$ 的方向分布了 2 个等强度干扰源,每个干扰功率为 $\sigma_i^2/2$, 这两个干扰源在 $\sin\theta$ 域的间隔为

$$\delta = \sin(\theta_i + \Delta\theta) - \sin(\theta_i - \Delta\theta) \approx 2\Delta\varphi/\pi \tag{5.23}$$

按照 Mailloux 算法,有

$$\boldsymbol{T}_{\mathrm{Mai}(m,n)} = \frac{\sin[2\pi(m-n)\delta/2]}{2\sin[\pi(m-n)\delta/2]} = \frac{2\sin[\Delta\varphi(m-n)]\cos[\Delta\varphi(m-n)]}{2\sin[\Delta\varphi(m-n)]} = \boldsymbol{T}_{\mathrm{VR}(m,n)} \tag{5.24}$$

可见,虚拟矢量旋转法实际上就是虚拟干扰源数为 2 时的 Mailloux 法。又因为 MZ 法和 Zatman 法完全等价,因此,本节介绍的 4 种方法可以归结为 2 种:虚拟离散干扰源对应的 Mailloux 法和连续干扰源对应的 MZ 法。

例 5.1　Mailloux 法和 MZ 法的性能比较。

假设一个期望信号和一个干扰信号从远场入射到阵元间距为半波长的 10 元等距线阵,期望信号和干扰信号互不相关;期望信号入射方向为 0°,干扰信号的入射方向为 40°,INR = 30dB。

理想状态下(样本数据中不含期望信号,不存在导向矢量误差,快拍数 K 取无穷大时)采用 Mailloux 法和 MZ 法进行零陷展宽的波束图如图 5.1 所示。设计凹槽在 $\sin\theta$ 域的宽度 $W = 0.1$,其中 Mailloux 法中虚拟干扰源数 L 分别取 2 和

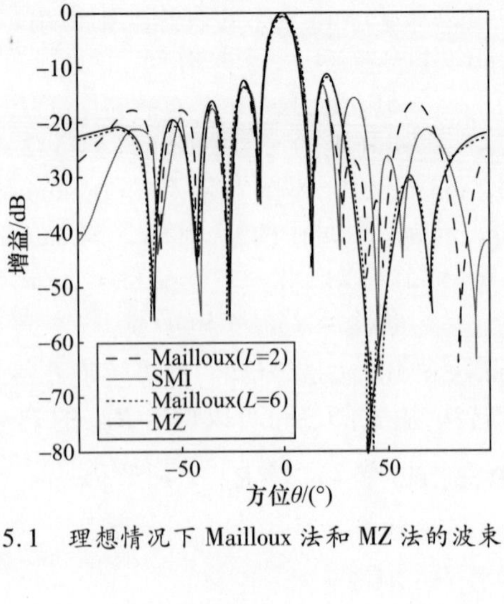

图 5.1　理想情况下 Mailloux 法和 MZ 法的波束图

6,从图中可以看出,两种零陷展宽方法都可以在干扰位置形成较宽的零陷,但由于单个干扰源功率下降,零陷深度比 SMI 算法要浅;在 $L=2$ 时,Mailloux 法在 W 内形成了很明显的两个零点,但两个零点中间凸起的突起较高,影响干扰抑制能力,这是由于两个虚拟干扰源距离过远造成的,随着凹槽宽度 W 的减小和 L 的增加会有所改善;并且随着 L 的增加,Mailloux 法的波束图越来越近于 MZ 法。

5.2 导数约束法

5.2.1 基本原理

导数约束法利用波束图在干扰方向的高阶导数约束使波束在干扰方向形成较宽的零陷。令 $\varphi=\dfrac{2\pi d}{\lambda}\sin\theta$, 则波束图对 φ 的第 n 阶导数可以表示为

$$\frac{\partial^n \boldsymbol{w}^{\mathrm{H}}\boldsymbol{a}(\theta)}{\partial\varphi^n}=\boldsymbol{w}^{\mathrm{H}}\frac{\partial^n \boldsymbol{a}(\theta)}{\partial\varphi^n}=\boldsymbol{w}^{\mathrm{H}}\mathrm{j}^n\boldsymbol{B}^n\boldsymbol{a}(\theta) \tag{5.25}$$

式中: $\boldsymbol{B}=\mathrm{diag}(0,1,\cdots,M-1)$。要在 θ_i 方向形成宽零陷,即令

$$\left.\frac{\partial^n \boldsymbol{w}^{\mathrm{H}}\boldsymbol{a}(\theta)}{\partial\varphi^n}\right|_{\theta=\theta_i}=\boldsymbol{w}^{\mathrm{H}}\mathrm{j}^n\boldsymbol{B}^n\boldsymbol{a}(\theta_i)=0 \tag{5.26}$$

设有 P 个干扰数, θ_i 表示第 i 个干扰的入射方向,导数约束的最高阶数为 N,则施加的导数约束和原干扰方向的零点约束可以统一表示为

$$\boldsymbol{w}\perp\{\boldsymbol{B}^n\boldsymbol{a}(\theta_i)\}_{i=1,2,\cdots,P;n=0,1,\cdots,N} \tag{5.27}$$

由于每个约束要消耗一个自由度,要实现上式的约束,要求阵元数 $M>(N+1)P$。

5.2.2 实现方法

以上介绍的导数约束法需要已知干扰信号方位信息,但在实际应用中,很多情况下干扰的方向信息是未知的,唯一可以利用的是阵列的接收数据 $x(k)$。在干扰信号功率远高于期望信号功率和噪声功率的情况下,可以近似地认为接收数据中只含干扰信号,因此,当所取快拍数 $K\geqslant P$ 时,接收快拍矢量张成的子空间维数为 P,可用来近似 P 个干扰导向矢量张成的子空间,并且快拍数越多越接近。这样就有

$$\boldsymbol{w}\perp\{\boldsymbol{a}(\theta_i)\}_{i=1,2,\cdots,P}\Leftrightarrow\boldsymbol{w}\perp\{\boldsymbol{x}(k)\}_{\forall k} \tag{5.28}$$

式中: k 为当前的采样时刻。这样,式(5.27)的约束条件可以转换为[90]

$$\boldsymbol{w}\perp\{\boldsymbol{B}^n\boldsymbol{x}(k)\}_{n=0,1,\cdots,N,\forall k} \tag{5.29}$$

式(5.29)给出了一种不需要干扰方位的先验知识的导数约束方式,也称为DDCs算法。在SMI算法中,当$\sigma_i^2 \gg \sigma_s^2$、$\sigma_i^2 \gg \sigma_n^2$ $(i=1,2,\cdots,P)$时,随着快拍数的增加,自适应权收敛于期望信号导向矢量$\boldsymbol{a}_s$在干扰子空间的正交补空间的投影;在施加了导数约束条件后,自适应权将收敛于$\boldsymbol{a}_s$在$\{\boldsymbol{B}^n\boldsymbol{a}(\theta_i)\}_{i=1,2,\cdots,P;n=0,1,\cdots,N}$张成的子空间的正交补空间的投影。因此,SMI算法在DDCs条件下的自适应权为[90]

$$\begin{cases} \boldsymbol{w}_{\mathrm{DDCs}} = \boldsymbol{R}_{\mathrm{DDCs}}^{-1}\boldsymbol{a}_s \\ \boldsymbol{R}_{\mathrm{DDCs}} = \boldsymbol{R}_x + \sum\limits_{n=1}^{N}\xi_n\boldsymbol{B}^n\boldsymbol{R}_x(\boldsymbol{B}^n)^{\mathrm{H}} \end{cases} \tag{5.30}$$

式中:ξ_n为调整n阶导数约束对权值的作用系数。上式还可以表示为[91]

$$\begin{cases} \boldsymbol{R}_{\mathrm{DDCs}} = \boldsymbol{R}_x \circ \boldsymbol{T}_{\mathrm{DDCs}} \\ \boldsymbol{T}_{\mathrm{DDCs}} = \boldsymbol{1}_M + \sum\limits_{n=1}^{N}\xi_n\boldsymbol{b}_n\boldsymbol{b}_n^{\mathrm{H}} \end{cases} \tag{5.31}$$

式中:$\boldsymbol{1}_M$为所有元素都为1的$M\times M$维方阵;$\boldsymbol{b}_n$是由$\boldsymbol{B}^n$的对角元素组成的矢量,$\boldsymbol{b}_n=[0,1^n,2^n,\cdots,(M-1)^n]^{\mathrm{T}}$;$\xi_n$一般可以设为$1/\|b_n b_n^{\mathrm{H}}\|_{\mathrm{F}}$,其中$\|\cdot\|_{\mathrm{F}}$表示Frobenius范数。因此,DDCs算法可以看成矩阵锥化法的一种特殊形式,其锥化矩阵为$\boldsymbol{T}_{\mathrm{DDCs}}$。

5.2.3 仿真分析

CMT算法中的零陷宽度是预先设定的,而在DDCs算法中,零陷宽度与阵元数目和导数约束的阶数有关。下面通过仿真说明DDCs算法与导数约束阶数的关系。

例5.2 不同导数约束阶数时DDCs算法的波束图。

仿真条件同例5.1。图5.2为$\xi_n=1/\|\boldsymbol{b}_n\boldsymbol{b}_n^{\mathrm{H}}\|_{\mathrm{F}}$时不同导数约束阶数的DDCs算法的波束图。从图中可以看出,导数约束的阶数越高,在干扰处的零陷越宽,但同时其他位置的零陷会变浅,这是由于N阶导数约束总共需要消耗了$N+1$个系统自由度,阶数越高,消耗的自由度越多,因此在其他位置的零陷越浅。

为了进一步分析DDCs算法的零陷宽度,我们将DDCs算法与MZ算法进行比较。

例5.3 DDCs算法与MZ算法的波束图比较。

仿真条件同例5.1。将阶数N分别为1、2、3、4的DDCs算法与MZ算法进行比较,MZ算法的零陷宽度W从0.01开始,以0.01为步进递增,寻找与DDCs

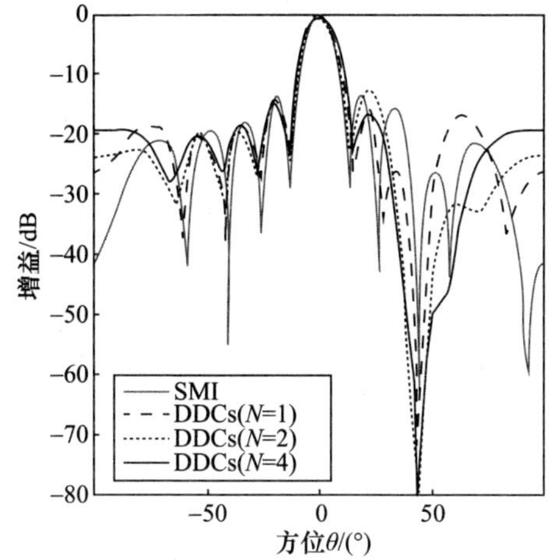

图 5.2 DDCs 法的波束图

算法波束图接近的 W 值。当两者的零陷宽度接近时，MZ 算法设定的 W 也即为 DDCs 算法的零陷宽度。图 5.3 给出了零陷宽度接近的 DDCs 和 MZ 算法。可以看出，在零陷宽度比较窄时，DDCs 算法和 MZ 算法在干扰附件的零陷形状非常接近，随着零陷的加宽两者的区别越来越明显。总体而言，MZ 算法形成的零陷为 U 形，而 DDCs 算法形成的零陷为 V 形，这是由于前者在零陷宽度内的虚拟干扰源是等功率的，而后者采用的约束方式在干扰中心的作用最大。另外，由于 DDCs 算法消耗了阵列的自由度，其在干扰以外位置形成的零陷很浅。

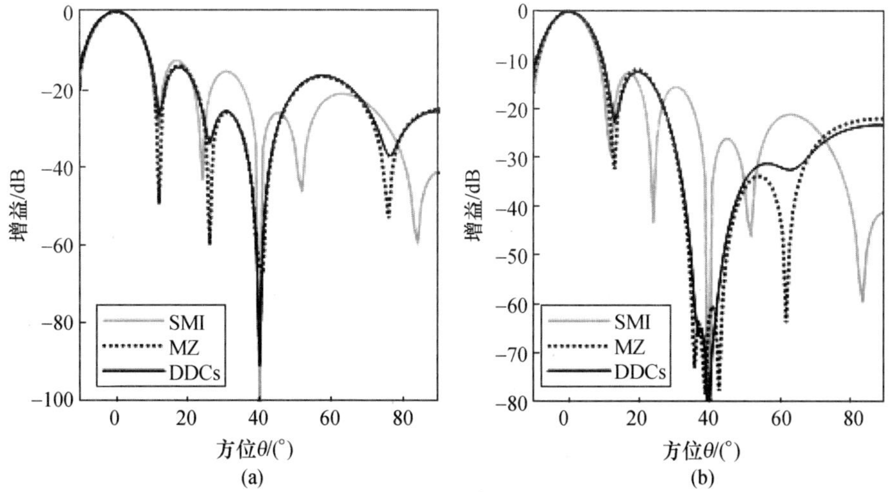

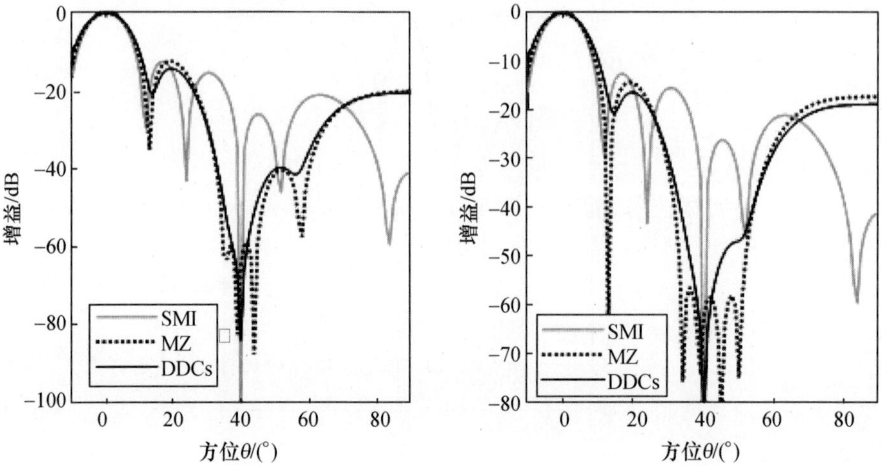

(c)　　　　　　　　　　(d)

图 5.3　DDCs 法和 MZ 法的波束图比较

(a) DDCs: $N=1$, MZ: $W=0.03$; (b) DDCs: $N=2$, MZ: $W=0.12$;
(c) DDCs: $N=3$, MZ: $W=0.15$; (d) DDCs: $N=4$, MZ: $W=0.2$。

表 5.1 列出了图 5.3 的仿真参数下对应 DDCs 算法和 MZ 算法的锥化矩阵的特征值分布情况。分别比较 $N=1$ 时 T_{DDCs} 和 $W=0.03$ 时 T_{MZ}、$N=2$ 时 T_{DDCs} 和 $W=0.12$ 时 T_{MZ}、$N=3$ 时 T_{DDCs} 和 $W=0.12$ 时 T_{MZ}、$N=4$ 时 T_{DDCs} 和 $W=0.15$ 时 T_{MZ} 的特征值分布可以看出，在两者的零陷宽度比较接近时，T_{DDCs} 和 T_{MZ} 的特征值分布也很相似，具有基本相同的主特征值个数。因此可以得出，在两者的特征值分布相似时，由于两者等效的虚拟干扰源情况相似，对应的零陷宽度比较接近。

表 5.1　T_{DDCs} 和 T_{MZ} 的特征值分布

		1	2	3	4	5	6
DDCs 法	$N=1$	10.7302	0.2698	0	0	0	0
	$N=2$	11.3245	0.6623	0.0133	0	0	0
	$N=3$	11.8515	1.1129	0.0350	0.0007	0	0
	$N=4$	12.3466	1.5885	0.0628	0.0021	0	0
MZ 法	$W=0.03$	9.9393	0.0607	0.0001	0	0	0
	$W=0.12$	9.1043	0.8810	0.0147	0	0	0
	$W=0.15$	8.6648	1.2994	0.0355	0.0003	0	0
	$W=0.2$	7.8465	2.0423	0.1093	0.0019	0	0

5.3 稳健的零陷展宽算法

5.3.1 存在误差时的零陷展宽算法

采用零陷展宽技术，能在干扰方向形成宽的零陷，从而可以在高动态环境下有效地抑制干扰。但是，由于实际应用中存在协方差矩阵误差和导向矢量误差，会严重影响零陷展宽算法的性能。下面将通过仿真分析零陷展宽算法在有限快拍且存在指向误差时的性能。

例 5.4 有限快拍且存在指向误差时零陷展宽算法的性能。

设预设波束方向为 2°，即存在 2°的指向误差，其余条件同例 5.1。Mailloux 法和 MZ 法中设计凹槽在 $\sin\theta$ 域的宽度 $W=0.1$，前者的虚拟干扰源数 L 设为 3，DDCs 法中导数约束阶数设为 2。分别考虑样本数据中含期望信号（SNR = 0dB）和不含期望信号时，可以得到快拍数分别取 20 和 100 时各种零陷展宽算法的波束图，如图 5.4 所示。从图中可以看出，当快拍数据比较少时，零陷深度和旁瓣水平会升高，这与 SMI 算法的缺点是相同的，但零陷宽度并不受快拍数的影响。如果接收信号中不含期望信号，几种方法在较小的快拍数时就可以到达不错的性能，但如果接收数据中含期望信号，尽管几种零陷展宽算法也能在干扰位置形成较宽零陷，并且对 SMI 算法在期望信号方向产生的“自消”现象有一定改善，但在期望信号方向的响应仍然很低，并且旁瓣水平很高，输出性能很差。

从上述分析中可以看出，零陷展宽算法同基本的 SMI 算法一样对导向矢量误差和协方差矩阵误差不具有稳健性，因此，需要将其与对这些误差具有稳健性的波束形成方法结合，才可能达到预期性能。

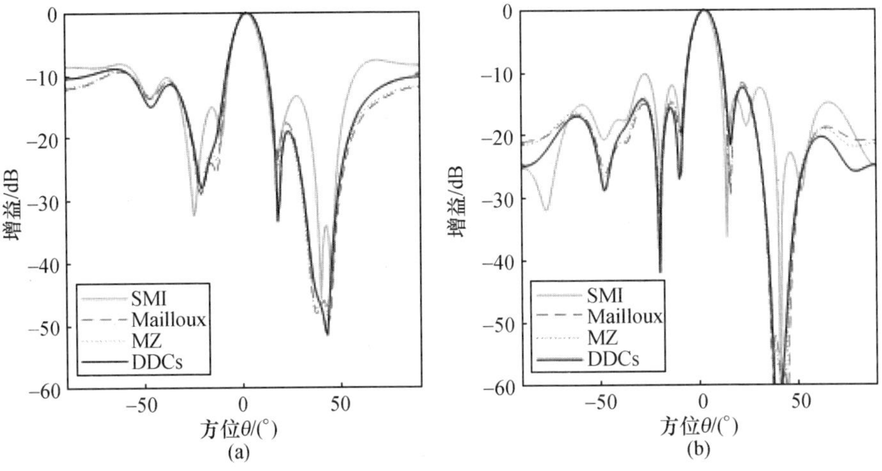

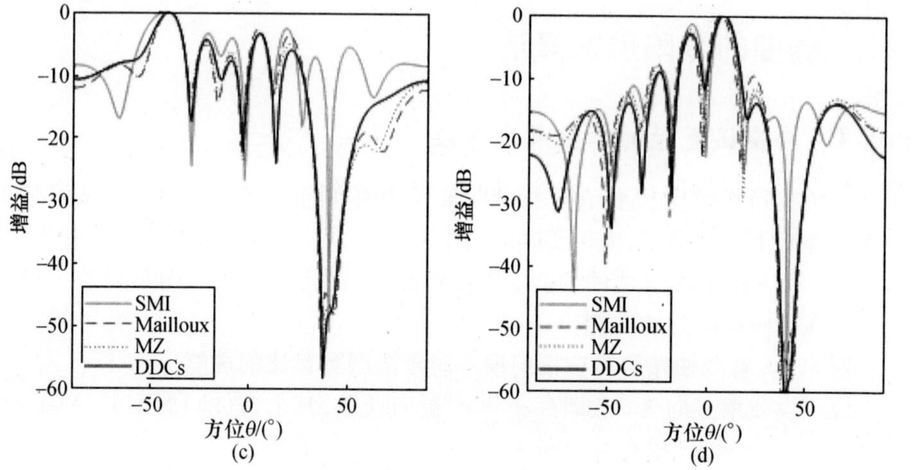

图 5.4 有限快拍且存在指向误差时零陷展宽算法的波束图

(a)$K=20$,样本数据中不含期望信号;(b)$K=100$,样本数据中不含期望信号;

(c)$K=20$,样本数据中含期望信号;(d)$K=100$,样本数据中含期望信号。

5.3.2 零陷展宽 LSMI 算法

Guerci 将对角加载法也纳入了 CMT 算法的范畴[87],并且与 MZ 法结合,提出了一种混合的 CMT 算法。

设干扰除了相位扰动以外还存在幅度扰动,则 CMT 算法中随机扰动矢量 z 变为

$$z = \tilde{\boldsymbol{e}} + \tilde{\boldsymbol{n}} \tag{5.32}$$

式中:$\tilde{\boldsymbol{n}}$ 为 $M\times 1$ 维零均值随机复矢量过程,并且与 $\tilde{\boldsymbol{e}}$ 不相关。其协方差矩阵是一个对角阵 $\boldsymbol{D} = \mathrm{cov}(\tilde{\boldsymbol{n}})$。于是,有

$$\mathrm{cov}(z) = \mathrm{E}[(\tilde{\boldsymbol{e}} + \tilde{\boldsymbol{n}})(\tilde{\boldsymbol{e}} + \tilde{\boldsymbol{n}})^{\mathrm{H}}] = \boldsymbol{T}_{\mathrm{MZ}} + \boldsymbol{D} \triangleq \boldsymbol{T}_{\mathrm{LMZ}} \tag{5.33}$$

扩展后的矩阵为

$$\boldsymbol{R}_{\mathrm{LMZ}} = \boldsymbol{R}_x \circ (\boldsymbol{T}_{\mathrm{MZ}} + \boldsymbol{D}) = \boldsymbol{R}_x \circ \boldsymbol{T}_{\mathrm{MZ}} + \boldsymbol{R}_x \circ \boldsymbol{D} \tag{5.34}$$

当不存在相位扰动时,即 $\tilde{\varphi} = 0$ 时,$\tilde{\boldsymbol{e}} = [1,1,\cdots,1]^{\mathrm{T}}$,$\boldsymbol{T}_{\mathrm{LMZ}}$ 蜕化为

$$\boldsymbol{1}_M + \boldsymbol{D} \triangleq \boldsymbol{T}_{\mathrm{L}} \tag{5.35}$$

式中:$\boldsymbol{1}_M$ 表示元素全为 1 的 $M\times M$ 维方阵。此时,$\boldsymbol{R}_{\mathrm{LMZ}}$ 蜕化为

$$\boldsymbol{R}_{\mathrm{L}} = \boldsymbol{R}_x \circ (\boldsymbol{1}_M + \boldsymbol{D}) = \boldsymbol{R}_x + \boldsymbol{R}_x \circ \boldsymbol{D} \tag{5.36}$$

可见,该矩阵就是对角加载矩阵。这样就将对角加载也统一到了协方差矩阵锥化的框架。由于$\boldsymbol{R}_{\mathrm{LMZ}}$中同时包含了对角加载和 MZ 锥化矩阵的分量,因此,将扩展后

的矩阵 $\boldsymbol{R}_{\mathrm{LMZ}}$ 代入到权矢量求解公式中，可以在展宽零陷的同时，获得较低旁瓣。

例 5.5　对角加载零陷展宽算法的波束图。

考虑例 5.4 的仿真条件，设样本数据中含期望信号，快拍数取 $K=2M$，对角加载量取 10dB，设计凹槽在 $\sin\theta$ 域的宽度 $W=0.1$。图 5.5 为 SNR = 0dB 时 LMZ 算法的波束图，从图中可以看出，LMZ 算法将主瓣指向了期望信号，在干扰方向形成了较宽的凹槽，并保持了同 LSMI 算法相当的旁瓣水平，性能相对于 MZ 算法有了很大提高。

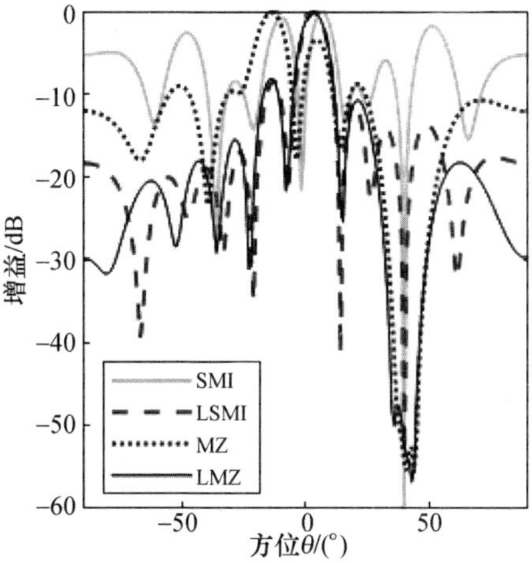

图 5.5　LMZ 算法的波束图

式(5.34)中 $\boldsymbol{T}_{\mathrm{MZ}}$ 还可以换为 $\boldsymbol{T}_{\mathrm{Mai}}$ 或是 $\boldsymbol{T}_{\mathrm{DDCs}}$，分别对应的是对角加载法和 Mailloux 法、DDCs 法的结合，简称为 LMai 法和 LDDCs 法。图 5.6 为 LMai 和 LDDCs 算法的波束图，其中 Mailloux 和 LMai 算法中取 $W=0.1$、$L=3$，DDCs 和 LDDCs 算法取 2 阶导数约束。从图中可以看出，LMai 和 LDDCs 算法同样对指向误差和小快拍具有较好的稳健性。

5.3.3　零陷展宽 RCB 算法

RCB 算法根据导向矢量不确定范围，利用牛顿迭代法求解对角加载量，解决了 LSMI 算法中对角加载量不易确定的难题。本节将其与零陷展宽技术结合，得到的自适应波束形成方法既能自动地在干扰方向形成宽的零陷，又能通过优化的对角加载量提高自适应波束形成的稳健性。

RCB 波束形成器的权矢量求解公式为

$$\boldsymbol{w}_{\mathrm{RCB}}=\frac{(\boldsymbol{R}_x+\gamma^{-1}\boldsymbol{I})^{-1}\boldsymbol{a}_s}{\boldsymbol{a}_s(\boldsymbol{R}_x+\gamma^{-1}\boldsymbol{I})^{-1}\boldsymbol{R}_x(\boldsymbol{R}_x+\gamma^{-1}\boldsymbol{I})^{-1}\boldsymbol{a}_s}\tag{5.37}$$

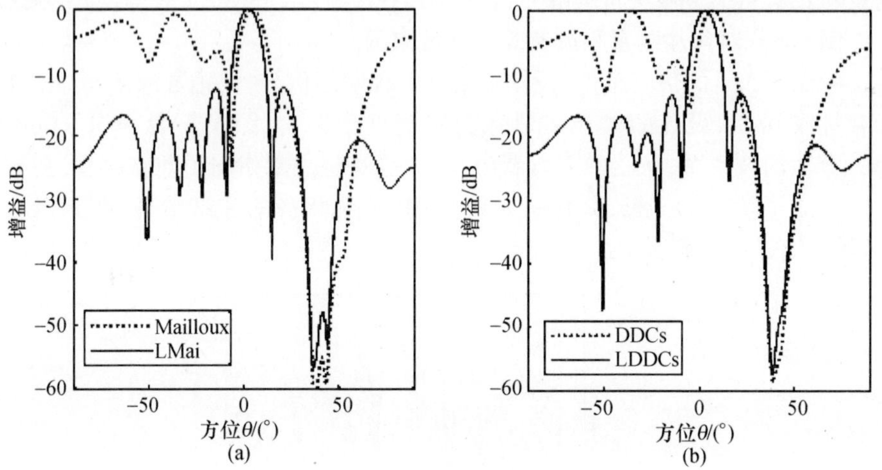

图 5.6 LMai 和 LDDCs 算法的波束图

(a) LMai 算法；(b) LDDCs 算法。

式中：γ 利用通过牛顿迭代法求解以下方程得到

$$\| (\boldsymbol{I} + \gamma \boldsymbol{R}_x)^{-1} \boldsymbol{a}_s \|^2 = \varepsilon \tag{5.38}$$

式中：ε 为设定的导向矢量误差范数上界。

对数据协方差矩阵进行锥化后，以上两式中的的 $\boldsymbol{R}_x$ 都要替换为锥化后的矩阵 $\boldsymbol{R}_{\mathrm{T}} = \boldsymbol{R}_x \circ \boldsymbol{T}$，即通过

$$\| (\boldsymbol{I} + \gamma \boldsymbol{R}_T)^{-1} \boldsymbol{a}_s \|^2 = \varepsilon \tag{5.39}$$

求解 γ，而自适应权为

$$\boldsymbol{w}_{\mathrm{RCB\_CMT}} = \frac{\boldsymbol{R}_{\mathrm{DT}}^{-1} \boldsymbol{a}_s}{\boldsymbol{a}_s \boldsymbol{R}_{\mathrm{DT}}^{-1} \boldsymbol{R}_{\mathrm{T}} \boldsymbol{R}_{\mathrm{DT}}^{-1} \boldsymbol{a}_s} \tag{5.40}$$

其中

$$\boldsymbol{R}_{\mathrm{DT}} = \boldsymbol{R}_{\mathrm{T}} + \gamma^{-1} \boldsymbol{I}$$

下面以 Mailloux 算法和 RCB 算法（简记为 RMai 算法）的结合为例，验证零陷展宽 RCB 算法的性能。

例 5.6 RMai 算法的性能。

仿真条件和参数设置同例 5.5。图 5.7(a) 中比较了 SMI、Mailloux、LMai、RMai 4 种方法的输出 SINR 随输入 SNR 变化曲线，从图中可以看出，后 3 种算法的输出性能相对于 SMI 算法有不同程度的提高，其中又以 RMai 算法的输出 SINR 最高；图 5.7(b) 为输入 SNR = 10dB 时几种方法的波束图，从图中也可以看出，RMai 算法不仅在干扰方向形成了宽零陷，主瓣也更接近于期望信号方向，

旁瓣水平也更低，波束形状优于其他几种方法。

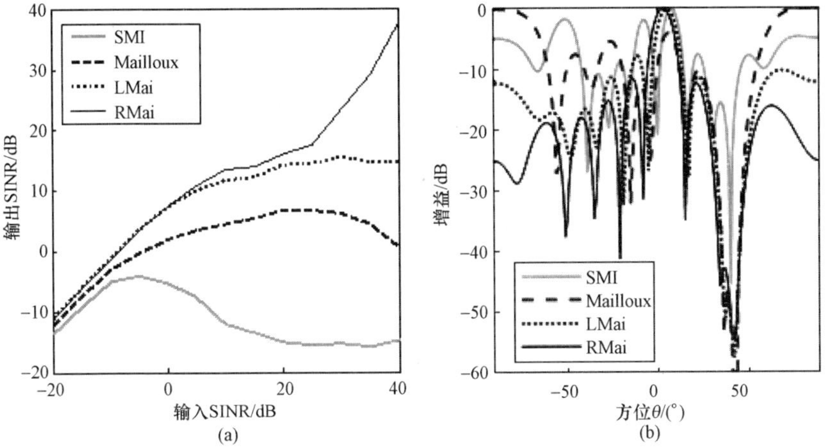

图 5.7　RMai 算法的性能

(a)输出 SINR 随输入 SNR 变化曲线；(b)波束图。

5.4　零陷展宽的递推算法

5.4.1　基本思路

在自适应波束形成中，为了满足实时性的要求，一般会在每次快拍时更新数据协方差矩阵，采用式(2.79)中 RLS 算法的自适应权更新方式，由于式中的系数 $\mu(k)$ 不影响输出 SINR，为了方便，我们不妨设其为 1，因此有

$$\boldsymbol{w}(k) = u^{-1}[\boldsymbol{I} - \boldsymbol{g}(k)\boldsymbol{x}^{\mathrm{H}}(k)]\boldsymbol{w}(k-1) \tag{5.41}$$

采用这种递推的方法求解自适应权可以将计算量由 $O(M^3)$ 降低到 $O(M^2)$。在进行矩阵锥化时，如果按常规算法，即令

$$\begin{cases}\boldsymbol{R}_{\mathrm{T}}(k) = \boldsymbol{R}_x(k) \circ \boldsymbol{T} = u\boldsymbol{R}_{\mathrm{T}}(k-1) + [\boldsymbol{x}(k)\boldsymbol{x}^{\mathrm{H}}(k)] \circ \boldsymbol{T} \\ \boldsymbol{w}_{\mathrm{T}}(k) = \boldsymbol{R}_{\mathrm{T}}^{-1}(k)\boldsymbol{a}_s\end{cases} \tag{5.42}$$

这样每次更新自适应权都需要对 $M \times M$ 维矩阵进行求逆运算，运算量为 $O(M^3)$。为了能递推地计算 $\boldsymbol{R}_{\mathrm{T}}(k)$ 的逆矩阵，以降低自适应权值更新的计算量，我们做如下处理，即

$$\begin{aligned}\boldsymbol{R}_{\mathrm{T}}(k) &= u\boldsymbol{R}_{\mathrm{T}}(k-1) + [\boldsymbol{x}(k)\boldsymbol{x}^{\mathrm{H}}(k)] \circ \sum_{i=1}^{J}\lambda_i\boldsymbol{u}_i\boldsymbol{u}_i^{\mathrm{H}} \\ &= u\boldsymbol{R}_{\mathrm{T}}(k-1) + \sum_{i=1}^{J}\lambda_i[\boldsymbol{x}(k) \circ \boldsymbol{u}_i][\boldsymbol{x}(k) \circ \boldsymbol{u}_i]^{\mathrm{H}}\end{aligned}$$

$$= u\boldsymbol{R}_{\mathrm{T}}(k-1) + \sum_{i=1}^{J} \boldsymbol{\lambda}_i \boldsymbol{v}_i(k)\boldsymbol{v}_i^{\mathrm{H}}(k)$$

$$= u\boldsymbol{R}_{\mathrm{T}}(k-1) + \boldsymbol{V}(k)\boldsymbol{V}^{\mathrm{H}}(k) \tag{5.43}$$

式中：$J=\mathrm{rank}(\boldsymbol{T})$；$\lambda_i$、$\boldsymbol{u}_i$（i=1,2,⋯,$J$）分别为 T 的非零特征值和对应的特征矢量；$\boldsymbol{v}_i(k)=\boldsymbol{x}(k)\circ\boldsymbol{u}_i$；$\boldsymbol{V}(k)=[\sqrt{\boldsymbol{\lambda}_1}\,v_1(k),\sqrt{\boldsymbol{\lambda}_2}\,v_2(k),\cdots,\sqrt{\boldsymbol{\lambda}_J}\,v_J(k)]$。对式(5.43)两边求逆可得

$$\boldsymbol{R}_{\mathrm{T}}^{-1}(k) = u^{-1}\boldsymbol{R}_{\mathrm{T}}^{-1}(k-1) + \mu^{-1}\boldsymbol{G}(k)\boldsymbol{V}^{\mathrm{H}}(k)\boldsymbol{R}_{\mathrm{T}}^{-1}(k-1) \tag{5.44}$$

其中

$$\boldsymbol{G}(k) = u^{-1}\boldsymbol{R}_{\mathrm{T}}^{-1}(k-1)\boldsymbol{V}(k)[\boldsymbol{I}_J + u^{-1}\boldsymbol{V}^{\mathrm{H}}(k)\boldsymbol{R}_{\mathrm{T}}^{-1}(k-1)\boldsymbol{V}(k)]^{-1} \tag{5.45}$$

因此，可得

$$\boldsymbol{w}_{\mathrm{T}}(k) = u^{-1}[\boldsymbol{I} + \boldsymbol{G}(k)\boldsymbol{V}^{\mathrm{H}}(k)]\boldsymbol{w}_{\mathrm{T}}(k-1) \tag{5.46}$$

由于 $\boldsymbol{I}_J + u^{-1}\boldsymbol{V}^{\mathrm{H}}(k)\boldsymbol{R}_{\mathrm{T}}^{-1}(k-1)\boldsymbol{V}(k)$ 为 $J\times J$ 维矩阵，这样就将对 $M\times M$ 维矩阵的求逆运算转换成了 $J\times J$ 维矩阵的求逆运算，运算量为 $O(J^3)$。在 $J\ll M$ 时，对于式(5.44)和式(5.46)中的矩阵乘法运算，运算量的最高阶数为 JM^2，这样就将每次更新自适应权的运算量降为 $O(JM^2)$。

5.4.2 对角加载的处理

在对协方差矩阵进行对角加载后，如果还按 RLS 算法中的协方差矩阵更新方式，由于系数 u，加载量会越来越小，为了补偿对角加载量的损失，可以令

$$\boldsymbol{R}_{\mathrm{L}}(k) = u\boldsymbol{R}_{\mathrm{L}}(k-1) + \boldsymbol{x}(k)\boldsymbol{x}^{\mathrm{H}}(k) + (1-u)\sigma^2\boldsymbol{I} \tag{5.47}$$

这种方式虽然可以补偿加载量的损失，但是在求 $\boldsymbol{R}_{\mathrm{L}}^{-1}(k)$ 的更新方式时会出现一个对 $M\times M$ 维矩阵的求逆运算，不能节省计算量。为了解决这个问题，我们采用滑窗的数据更新方式，即

$$\boldsymbol{R}_{\mathrm{L}}(k) = \boldsymbol{R}_{\mathrm{L}}(k-1) + \frac{1}{K}\boldsymbol{x}(k)\boldsymbol{x}^{\mathrm{H}}(k) - \frac{1}{K}\boldsymbol{x}(k-K)\boldsymbol{x}^{\mathrm{H}}(k-K) \tag{5.48}$$

对加载后的矩阵进行锥化处理，可得

$$\begin{aligned}
&\boldsymbol{R}_{\mathrm{LT}}(k)\\
&= \boldsymbol{R}_{\mathrm{LT}}(k-1) + \frac{1}{K}[\boldsymbol{x}(k)\boldsymbol{x}^{\mathrm{H}}(k)]\circ\sum_{i=1}^{J}\lambda_i\boldsymbol{u}_i\boldsymbol{u}_i^{\mathrm{H}} - \frac{1}{K}\boldsymbol{x}(k-K)\boldsymbol{x}^{\mathrm{H}}(k-K)\circ\sum_{i=1}^{J}\lambda_i\boldsymbol{u}_i\boldsymbol{u}_i^{\mathrm{H}}\\
&= \boldsymbol{R}_{\mathrm{LT}}(k-1) + \frac{1}{K}\sum_{i=1}^{J}\lambda_i\{[\boldsymbol{x}(k)\circ\boldsymbol{u}_i][\boldsymbol{x}(k)\circ\boldsymbol{u}_i]^{\mathrm{H}} - [\boldsymbol{x}(k-K)\circ\boldsymbol{u}_i][\boldsymbol{x}(k-K)\circ\boldsymbol{u}_i]^{\mathrm{H}}\}
\end{aligned}$$

$$= \boldsymbol{R}_{\mathrm{LT}}(k-1) + \frac{1}{K}\sum_{i=1}^{J}\lambda_i[\boldsymbol{v}_i(k)\boldsymbol{v}_i^{\mathrm{H}}(k) - \boldsymbol{r}_i(k)\boldsymbol{r}_i^{\mathrm{H}}(k)]$$

$$= \boldsymbol{R}_{\mathrm{LT}}(k-1) + \boldsymbol{V}(k)\boldsymbol{V}^{\mathrm{H}}(k) - \boldsymbol{W}(k)\boldsymbol{W}^{\mathrm{H}}(k)$$

$$= \boldsymbol{R}_{\mathrm{LT}}(k-1) + \boldsymbol{P}(k)\boldsymbol{Q}^{\mathrm{H}}(k) \tag{5.49}$$

式中：$\boldsymbol{r}_i(k) = \boldsymbol{x}(k-K)\circ\boldsymbol{u}_i$；$\boldsymbol{W}(k) = [\sqrt{\lambda_1}\boldsymbol{r}_1(k), \sqrt{\lambda_2}\boldsymbol{r}_2(k), \cdots, \sqrt{\lambda_J}\boldsymbol{r}_J(k)]/\sqrt{K}$；$\boldsymbol{P}(k) = [\boldsymbol{V}(k) \quad \boldsymbol{W}(k)]$；$\boldsymbol{Q}(k) = [\boldsymbol{V}(k) \quad -\boldsymbol{W}(k)]$。对式(5.49)左右两边求逆可得

$$\boldsymbol{R}_{\mathrm{LT}}^{-1}(k) = \boldsymbol{R}_{\mathrm{LT}}^{-1}(k-1) + \boldsymbol{G}_{\mathrm{L}}(k)\boldsymbol{Q}^{\mathrm{H}}(k)\boldsymbol{R}_{\mathrm{LT}}^{-1}(k-1) \tag{5.50}$$

其中 $\boldsymbol{G}_{\mathrm{L}}(k) = \boldsymbol{R}_{\mathrm{LT}}^{-1}(k-1)\boldsymbol{P}(k)[\boldsymbol{I}_{2J} + \boldsymbol{Q}^{\mathrm{H}}(k)\boldsymbol{R}_{\mathrm{LT}}^{-1}(k-1)\boldsymbol{P}(k)]^{-1}$，因此有

$$\boldsymbol{w}_{\mathrm{LT}}(k) = [\boldsymbol{I} + \boldsymbol{G}_L(k)\boldsymbol{Q}^{\mathrm{H}}(k)]\boldsymbol{w}_{\mathrm{LT}}(k-1) \tag{5.51}$$

由于 $\boldsymbol{I}_{2J} + \boldsymbol{Q}^{\mathrm{H}}(k)\boldsymbol{R}_{\mathrm{LT}}^{-1}(k-1)\boldsymbol{P}(k)$ 为 $2J\times 2J$ 维矩阵，这样就将对 $M\times M$ 维矩阵的求逆运算转换成了 $2J\times 2J$ 维矩阵的求逆运算，运算量为 $O(J^3)$。其中矩阵乘法运算量的最高阶数为 $2JM^2$，这样每次更新自适应权的运算量为 $O(2JM^2)$。

5.4.3 几种锥化矩阵分析

由于矩阵锥化的递推算法的计算量与锥化矩阵 $\boldsymbol{T}$ 的秩成正比，本节对几种不同形式的锥化矩阵进行分析。

对于 DDCs 法的锥化矩阵 $\boldsymbol{T}_{\mathrm{DDCs}}$，可以证明

$$J_{\mathrm{DDCs}} = \mathrm{rank}(\boldsymbol{T}_{\mathrm{DDCs}}) = N + 1 \tag{5.52}$$

由于 N 阶导数约束需要消耗 $N+1$ 个自由度，因此 N 一般不会很大。

对于 $\boldsymbol{T}_{\mathrm{Mai}}$，由于受自由度的限制，虚拟干扰源数需满足 $L<M$，可以证明

$$J_{\mathrm{Mai}} = \mathrm{rank}(\boldsymbol{T}_{\mathrm{Mai}}) = L \tag{5.53}$$

从计算量的考虑，应选择尽量小的 L，但是 L 过小又会使虚拟干扰位置之间的旁瓣过高，因此需要折中考虑。对于阵元间距为半波长的 M 元均匀线阵，其静态波束图（$\boldsymbol{w} = \boldsymbol{a}_{\mathrm{s}}$时）1 个主瓣和 $M-2$ 个旁瓣，每个旁瓣在 $\sin\theta$ 域的宽度为 $2/M$，要使零陷展宽范围 W 内没有较高的突起，虚拟干扰源在 $\sin\theta$ 域的间距 δ 要低于 $2/M$，因此有

$$\delta = \frac{W}{L-1} < \frac{2}{M} \Rightarrow L > WM/2 + 1 \tag{5.54}$$

实际应用中，L 可以选择满足上式的最小整数。当 L 不满足上式时，L 个虚拟的离散干扰就会被分辨出来，在两个干扰之间形成突起。

与以上介绍的两种锥化矩阵相比，$\boldsymbol{T}_{\mathrm{MZ}}$的秩较大，我们可以通过对其进行降秩近似进一步降低计算量。$\boldsymbol{T}_{\mathrm{MZ}}$的主特征值的个数为大于 $W/(\lambda/L_{array})+1$ 的最小整数[148]，其中 L_{array} 为阵列孔径，对于间距为半波长的等距线阵，$\boldsymbol{T}_{\mathrm{MZ}}$的主特征

值个数与 Mailloux 算法中需要选择的虚拟干扰源数 L 是一致的。我们用主特征值和对应的特征矢量近似表示 $\boldsymbol{T}_{\mathrm{MZ}}$，即

$$\tilde{\boldsymbol{T}}_{\mathrm{MZ1}} = \sum_{i=1}^{L} \lambda_i \boldsymbol{u}_i \boldsymbol{u}_i^{\mathrm{H}} \approx \boldsymbol{T}_{\mathrm{MZ}} \tag{5.55}$$

有

$$\tilde{J}_{\mathrm{MZ1}} = \mathrm{rank}(\tilde{\boldsymbol{T}}_{\mathrm{MZ1}}) = L \tag{5.56}$$

用 $\tilde{\boldsymbol{T}}_{\mathrm{MZ1}}$ 代替 $\boldsymbol{T}_{\mathrm{MZ}}$ 可以将计算量降为 $O(LM^2)$，与递推实现的 Mailloux 算法的计算量相等。

还有一种对 $\boldsymbol{T}_{\mathrm{MZ}}$ 进行降秩近似降低计算量的方法[149]，在 $[-\Delta,\Delta]$ 中等间隔取 $L(L<M)$ 个点 $\tilde{\varphi}_1, \tilde{\varphi}_2, \cdots, \tilde{\varphi}_L$，间距为 $\xi = 2\Delta/(L-1)$，显然有 $\tilde{\varphi}_i = -\Delta + (i-1)\xi$，令

$$\tilde{\boldsymbol{T}}_{\mathrm{MZ2}} = \frac{1}{L}\sum_{i=1}^{L} \tilde{\boldsymbol{e}}(\tilde{\varphi}_i)\tilde{\boldsymbol{e}}^{\mathrm{H}}(\tilde{\varphi}_i) \approx \boldsymbol{T}_{\mathrm{MZ}} \tag{5.57}$$

式中：$\tilde{\boldsymbol{e}}(\tilde{\varphi}_i) = [1,\cdots,\mathrm{e}^{\mathrm{j}m\tilde{\varphi}_i},\cdots,\mathrm{e}^{\mathrm{j}(M-1)\tilde{\varphi}_i}]^{\mathrm{T}}$，则得出 $\tilde{\boldsymbol{T}}_{\mathrm{MZ2}}$ 的第 (m,n) 项为

$$\tilde{\boldsymbol{T}}_{\mathrm{MZ2}}(m,n) = \frac{1}{L}\sum_{i=1}^{L} \exp[\mathrm{j}(m-n)\tilde{\varphi}_i] = \frac{\sin[L(m-n)\xi]}{L\sin[(m-n)\xi]} \tag{5.58}$$

此时，有

$$\tilde{J}_{\mathrm{MZ2}} = \mathrm{rank}(\tilde{\boldsymbol{T}}_{\mathrm{MZ2}}) = L \tag{5.59}$$

实际上，将间距 ξ 用 $\sin\theta$ 域的间距表示有 $\xi = \delta\pi/2$，可以看出，降秩近似的 MZ 算法与等间隔取 L 个干扰源的 Mailloux 法完全等效的，这种近似处理相当于将 $[-\Delta,\Delta]$ 的连续干扰离散化。因此，L 也可以选择大于 $WM/2+1$ 的最小整数，与 Mailloux 法算法中 L 的选取是一致的。

从上述分析中可以看出，将递推算法用在 DDCs 算法中可以将计算量降低到 $O((N+1)M^2)$，而用其他几种方法也可以将计算量降至 $\mathrm{O}(LM^2)$，设 L_0 为取满足式(5.54)的最小整数，则一般取 $L=L_0$。由于 $W \ll 2$，则 $WM/2+1 \ll M$，即 $L_0 \ll M$，因此，采用递推算法可以大大降低零陷展宽算法的计算量。

5.4.4 计算机仿真分析

例 5.7 降秩处理后 MZ 算法的性能。

考虑阵元间距为半波长的 20 元的等距线阵，其余仿真条件同例 5.1。分别利用 $\tilde{\boldsymbol{T}}_{\mathrm{MZ1}}$ 和 $\tilde{\boldsymbol{T}}_{\mathrm{MZ2}}$ 对 $\boldsymbol{T}_{\mathrm{MZ}}$ 进行降秩近似，记为 MZ_LR1，MZ_LR2，观察理想状态下(样本数据中不含期望信号，快拍数 K 取无穷大)不同近似阶数和不同 W 值时

两种近似方法的性能,并与 MZ 算法进行比较。分别取 $W=0.1$、$W=0.15$,对应的 $WM/2+1$ 值分别为 2 和 2.5,因此,对应的 L_0 值分别为 2 和 3。L 表示 MZ_LR1 和 MZ_LR2 算法中实际近似阶数。在图 5.8(a)中令 $L=L_0=WM/2+1$,可以看出,此时两种近似方法在干扰方向的波束性能很差,其中 MZ_LR2 算法甚至在干扰方向出现了较大的突起,对干扰的抑制作用很差;图 5.8(b)中 $L>L_0=WM/2+1$,两种近似方法都在干扰方向形成较深的宽零陷,性能与 MZ 算法相当接近;图 5.8(c)中 $L=L_0>WM/2+1$ 时,两种近似算法也能获得较好的性能;图 5.8(d)中 $L>L_0>WM/2+1$ 时,近似的锥化矩阵更接近于实际值,因此,与图 5.8(c)中的波束图相比,两种近似算法更接近于 MZ 算法。从上述比较中可以看出,L 至少要大于 $WM/2+1$,降秩后的方法才能有效地展宽零陷,而两种降秩近似算法相比,MZ_LR1 的性能更接近于原算法。

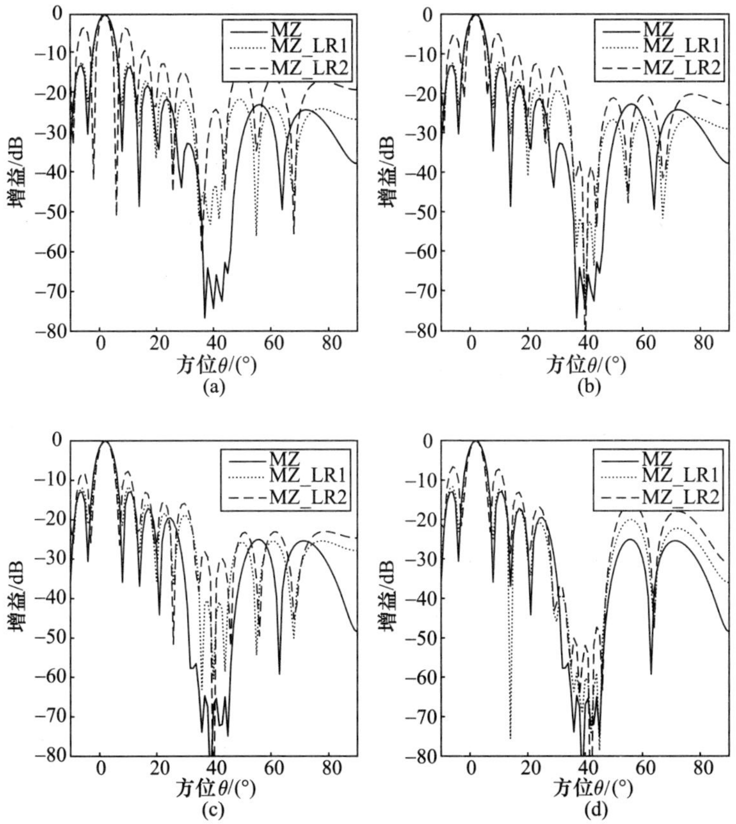

图 5.8　降秩 MZ 算法的波束图

(a) $W=0.1, L=2=L_0$;(b) $W=0.1, L=3>L_0$;(c) $W=0.15, L=3=L_0$;(d) $W=0.15, L=4>L_0$。

表 5.2 列出了 T_{MZ} 分布情况，可以看出，在 $W=0.1$ 时对应的 $WM/2+1$ 为整数，L_0 正好等于 $WM/2+1$，此时，主特征值和小特征值之间还存在介于两者之间的相对较大的特征值，如表 5.2 中 $W=0.1$ 对应的第 3 个特征值，这时，如果只用主特征值近似会产生较大误差，因此，出现了图 5.8(a) 中近似方法在干扰方向波束性能差的现象。实际上，这种情况在 L_0 接近于 $WM/2+1$ 时也会发生。为了克服这种情况，在 L_0 与 $WM/2+1$ 的差距在 0.5 以内时，可以取 $L=L_0+1$。

表 5.2　T_{MZ} 的特征值分布

	1	2	3	4	5	6
$W=0.1$	15.6738	4.0968	0.2252	0.0042	0	0
$W=0.15$	12.4114	12.4114	0.9998	0.0462	0.0010	0

例 5.8　降秩处理后 LMZ 算法的性能。

考虑例 5.1 的仿真条件，设预设波束方向为 2°，快拍数 $K=2M$，分别考虑样本数据中含期望信号（SNR = 0dB）和不含期望信号时，加载量取 20dB。将对加载后的 MZ、MZ_LR1，MZ_LR2 算法分别记为 LMZ、LMZ_LR1，LMZ_LR2。令 $W=0.1$，$L=3$，图 5.9 显示了上述几种算法的波束图。从图中可以看出，几种方法都在干扰方向形成了宽零陷，但 MZ 算法的旁瓣水平很高，尤其是在样本数据中含期望信号时。LMZ 算法大大改善了 MZ 算法的旁瓣性能，在样本数据中含期望信号时主轴方向更接近于期望信号方向。两种降秩后的 LMZ 算法的波束图与原 LMZ 算法非常接近，两者相比，又以 LMZ_LR1 算法更接近。

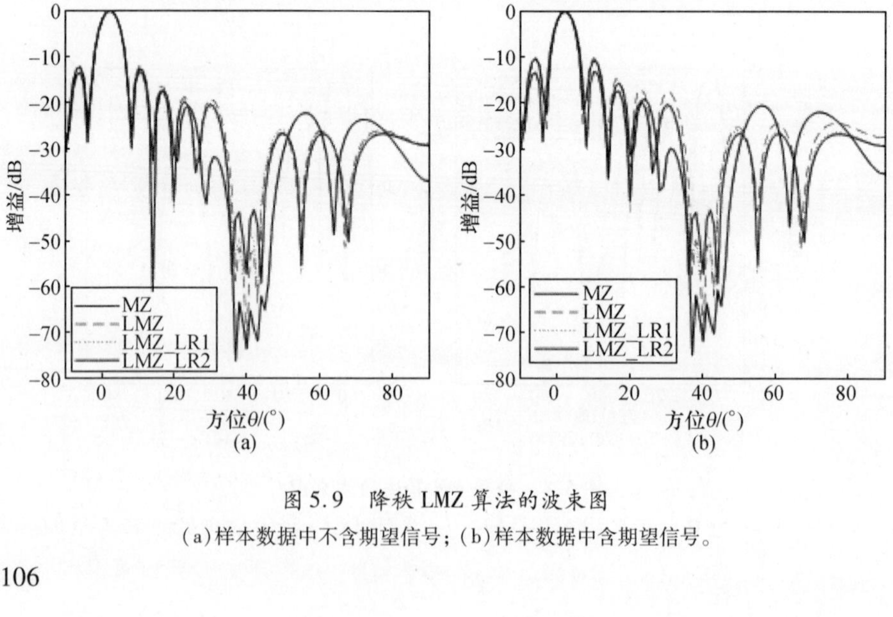

图 5.9　降秩 LMZ 算法的波束图

(a)样本数据中不含期望信号；(b)样本数据中含期望信号。

第 6 章　自适应波束形成的高效递推算法

在天线与信号源处于静止状态时，由于波达方向基本不变，在积累一定的快拍数计算出自适应权后，不需要很快更新，对实时性的要求不高。在高动态环境中，由于接收信号特性不断变化，需要实时地更新权矢量。递归形式的波束形成算法可以在每次快拍时实时更新自适应权，因此得到了广泛的重视，许多学者致力于这方面的研究。其中基于 QRD 的递推算法由于良好的数值特性和固有的高度并行性，大大提高了运算速度，也为在高动态飞行器上采用自适应波束提供了一个可行的方案。

目前的高效递推算法都是在 $K>M$ 时才开始进行的，而高动态环境中可以利用的快拍数有限，在 M 较大时，很可能出现 $K<M$ 的情况，这时，无法采用递推 QRD 算法。另外，递推 QRD 算法多是在样本数不断增加的情况下得出的，高动态环境中样本数不可能无限积累，更实用的数据更新方式是每增加一个新样本的同时删除一个旧样本，保持所用样本数目不变。针对以上两个问题，本章在分析常规递推 QRD 算法的基础上，讨论了快拍数小于阵元数时的递推 QRD 算法和固定样本数目的递推 QRD 算法。最后针对更为实用的滑窗样本更新方式，利用双曲 Householder 变换，提出了固定样本数目的递推 QRD 算法，并利用 IQRD 的思想对其进行了进一步改进，避开了前后向回代运算，使算法更利于系统的实时实现。

6.1　基于 QRD 的自适应波束形成算法

6.1.1　QRD－SMI 算法

将基本的 SMI 算法采用 QR 分解的方法实现，即通过对输入数据矩阵作 QR 分解完成对协方差矩阵的估计，进而求得权矢量，这就是基于 QR 分解 SMI（QR Decomposition Sample Matrix Inverse，QRD－SMI）算法。

设 $k(k\geqslant M)$ 次快拍后得到的 $M\times k$ 维输入数据矩阵为

$$\begin{cases}\boldsymbol{X}_k=[x(1),x(1),\cdots,x(k)]\\ \boldsymbol{x}(i)=[x_1(i),x_2(i),\cdots,x_M(i)]^{\mathrm{T}},i=1,2,\cdots,k\end{cases}\tag{6.1}$$

则 k 次快拍后的采样协方差矩阵可以表示为

$$\hat{\boldsymbol{R}}_x = \frac{1}{k}\boldsymbol{X}_k\boldsymbol{X}_k^{\mathrm{H}} \tag{6.2}$$

在 SMI 算法的权矢量求解公式 $\boldsymbol{w} = \mu\hat{\boldsymbol{R}}_x^{-1}\boldsymbol{a}_s$ 中,由于 μ 为任意比例常数,不妨令 $\mu = 1/k$,用 $\boldsymbol{w}_k$ 表示 k 个快拍后的自适应权值,则有

$$\boldsymbol{X}_k\boldsymbol{X}_k^{\mathrm{H}}\boldsymbol{w}_k = \boldsymbol{a}_s \tag{6.3}$$

用 $k\times k$ 维酉矩阵 $\boldsymbol{Q}_k$ 对 $\boldsymbol{X}_k^{\mathrm{H}}$ 进行 QR 分解,即

$$\boldsymbol{Q}_k\boldsymbol{X}_k^{\mathrm{H}} = \begin{bmatrix}\boldsymbol{A}_k\\ \boldsymbol{0}\end{bmatrix} \tag{6.4}$$

式中:$\boldsymbol{A}_k$ 为 $M\times M$ 维上三角阵;$\boldsymbol{0}$ 为 $(k-M)\times M$ 维零矩阵。由于

$$\boldsymbol{X}_k\boldsymbol{X}_k^{\mathrm{H}} = \boldsymbol{X}_k\boldsymbol{Q}_k^{\mathrm{H}}\boldsymbol{Q}_k\boldsymbol{X}_k^{\mathrm{H}} = [\boldsymbol{A}_k^{\mathrm{H}} \quad \boldsymbol{0}]\begin{bmatrix}\boldsymbol{A}_k\\ \boldsymbol{0}\end{bmatrix} = \boldsymbol{A}_k^{\mathrm{H}}\boldsymbol{A}_k \tag{6.5}$$

这样,式(6.3)变为

$$\boldsymbol{A}_k^{\mathrm{H}}\boldsymbol{A}_k\boldsymbol{w}_k = \boldsymbol{a}_s \tag{6.6}$$

可以改写为

$$\begin{cases}\boldsymbol{A}_k^{\mathrm{H}}\boldsymbol{v}_k = \boldsymbol{a}_s\\ \boldsymbol{A}_k\boldsymbol{w}_k = \boldsymbol{v}_k\end{cases} \tag{6.7}$$

式(6.7)为下三角线性方程和上三角线性方程,分别可以通过前向回代和后向回代法求解。

由条件数的定义可以推出

$$\mathrm{Cond}(\hat{\boldsymbol{R}}_x) = \mathrm{Cond}(\boldsymbol{X}_k\boldsymbol{X}_k^{\mathrm{H}}) = \mathrm{Cond}(\boldsymbol{A}_k^{\mathrm{H}}\boldsymbol{A}_k) = \mathrm{Cond}^2(\boldsymbol{A}_k) = \mathrm{Cond}^2(\boldsymbol{A}_k^{\mathrm{H}}) \tag{6.8}$$

因为条件数大于等于 1,所以有

$$\mathrm{Cond}(\hat{\boldsymbol{R}}_x) \geqslant \mathrm{Cond}(\boldsymbol{A}_k) = \mathrm{Cond}(\boldsymbol{A}_k^{\mathrm{H}}) \tag{6.9}$$

可以看出,QRD - SMI 算法的条件数小于基本 SMI 算法的条件数,因此其数值稳定性更好。

$\boldsymbol{A}_k$ 的求解可以采用递推的方法实现,设在 $k-1$ 时刻已经实现数据矩阵 $\boldsymbol{X}_{k-1}^{\mathrm{H}}$ 的三角化,即存在酉矩阵 $\boldsymbol{Q}_{k-1}$,满足

$$\boldsymbol{Q}_{k-1}\boldsymbol{X}_{k-1}^{\mathrm{H}} = \begin{bmatrix}\boldsymbol{A}_{k-1}\\ \boldsymbol{0}\end{bmatrix} \tag{6.10}$$

则在 k 时刻,上三角阵 $\boldsymbol{A}_k$ 可以通过对 $\begin{bmatrix}\boldsymbol{A}_{k-1}\\ \boldsymbol{0}\\ \boldsymbol{x}^{\mathrm{H}}(k)\end{bmatrix}$ 进行 QR 分解得到[107],即

$$
\boldsymbol{Q}_k\boldsymbol{X}_k^{\mathrm{H}} = \tilde{\boldsymbol{Q}}_k\begin{bmatrix}\boldsymbol{A}_{k-1}\\ \boldsymbol{0}\\ \boldsymbol{x}^{\mathrm{H}}(k)\end{bmatrix} = \begin{bmatrix}\boldsymbol{A}_k\\ \boldsymbol{0}\\ \boldsymbol{0}\end{bmatrix} \tag{6.11}
$$

式中：$\tilde{\boldsymbol{Q}}_k$ 表示将矩阵 $\begin{bmatrix}\boldsymbol{A}_{k-1}\\ \boldsymbol{0}\\ \boldsymbol{x}^{\mathrm{H}}(k)\end{bmatrix}$ 上三角化的酉矩阵，其对应的变换只需将 $\begin{bmatrix}\boldsymbol{A}_{k-1}\\ \boldsymbol{0}\\ \boldsymbol{x}^{\mathrm{H}}(k)\end{bmatrix}$ 的最后一行元素置零就可以实现三角化。将 $\boldsymbol{A}_k$ 代入到式(6.7)中，通过前后向回代就可以求得 $\boldsymbol{w}_k$。

6.1.2 IQRD-SMI 算法

QRD-SMI 算法需要前后向回代才能获得自适应权，硬件代价较大，软件编程开销也大，不能做到真正意义上的实时并行权矢量的抽取。为了避开前后向回代运算，人们提出了基于逆 QR 分解的 SMI(Inverse QR Decomposition Sample Matrix Inverse, IQRD-SMI)算法[105]，将式(6.7)的权矢量求解公式变形为

$$
\begin{cases}\boldsymbol{v}_k = \boldsymbol{A}_k^{-\mathrm{H}}\boldsymbol{a}_s\\ \boldsymbol{w}_k^{\mathrm{H}} = \boldsymbol{v}_k^{\mathrm{H}}\boldsymbol{A}_k^{-\mathrm{H}}\end{cases} \tag{6.12}
$$

这就是 IQRD-SMI 的基本实现公式，它将自适应权的求解问题转换为了中间变量 $\boldsymbol{v}_k$ 和下三角矩阵 $\boldsymbol{A}_k^{-\mathrm{H}}$ 的求解问题。

由于

$$
\boldsymbol{X}_k\boldsymbol{X}_k^{\mathrm{H}} = [\boldsymbol{X}_{k-1}\quad \boldsymbol{x}(k)]\begin{bmatrix}\boldsymbol{X}_{k-1}^{\mathrm{H}}\\ \boldsymbol{x}^{\mathrm{H}}(k)\end{bmatrix} = \boldsymbol{X}_{k-1}\boldsymbol{X}_{k-1}^{\mathrm{H}} + \boldsymbol{x}(k)\,\boldsymbol{x}^{\mathrm{H}}(k) \tag{6.13}
$$

所以有

$$
\boldsymbol{A}_k^{\mathrm{H}}\boldsymbol{A}_k = \boldsymbol{A}_{k-1}^{\mathrm{H}}\boldsymbol{A}_{k-1} + \boldsymbol{x}(k)\,\boldsymbol{x}^{\mathrm{H}}(k) \tag{6.14}
$$

利用矩阵求逆引理对上式两边同时求逆可得

$$
\boldsymbol{A}_k^{-1}\boldsymbol{A}_k^{-\mathrm{H}} = \boldsymbol{A}_{k-1}^{-1}\boldsymbol{A}_{k-1}^{-\mathrm{H}} - \frac{\boldsymbol{A}_{k-1}^{-1}\boldsymbol{A}_{k-1}^{-\mathrm{H}}\boldsymbol{x}(k)\,\boldsymbol{x}^{\mathrm{H}}(k)\boldsymbol{A}_{k-1}^{-1}\boldsymbol{A}_{k-1}^{-\mathrm{H}}}{1 + \boldsymbol{x}^{\mathrm{H}}(k)\boldsymbol{A}_{k-1}^{-1}\boldsymbol{A}_{k-1}^{-\mathrm{H}}\boldsymbol{x}(k)} \tag{6.15}
$$

令

$$
\begin{cases}\boldsymbol{z}(k) = \boldsymbol{A}_{k-1}^{-\mathrm{H}}\boldsymbol{x}(k)\\ t(k) = \sqrt{1 + \boldsymbol{z}^{\mathrm{H}}(k)\boldsymbol{z}(k)}\\ \boldsymbol{g}(k) = \boldsymbol{A}_{k-1}^{-1}\boldsymbol{z}(k)/t(k)\end{cases} \tag{6.16}
$$

则式(6.15)可以表示为

$$\boldsymbol{A}_k^{-1}\boldsymbol{A}_k^{-\mathrm{H}} = \boldsymbol{A}_{k-1}^{-1}\boldsymbol{A}_{k-1}^{-\mathrm{H}} - \boldsymbol{g}(k)\,\boldsymbol{g}^{\mathrm{H}}(k) \tag{6.17}$$

即

$$\boldsymbol{A}_k^{-1}\boldsymbol{A}_k^{-\mathrm{H}} + \boldsymbol{g}(k)\,\boldsymbol{g}^{\mathrm{H}}(k) = \boldsymbol{A}_{k-1}^{-1}\boldsymbol{A}_{k-1}^{-\mathrm{H}} \tag{6.18}$$

由式(6.18)可以得出,必然存在一个酉阵 $\boldsymbol{P}(k)$,使下式成立[109],即

$$\begin{bmatrix} \boldsymbol{A}_k^{-\mathrm{H}} \\ \boldsymbol{g}^{\mathrm{H}}(k) \end{bmatrix} = \boldsymbol{P}(k)\begin{bmatrix} \boldsymbol{A}_{k-1}^{-\mathrm{H}} \\ \boldsymbol{0} \end{bmatrix} \tag{6.19}$$

又由 $\boldsymbol{t}^2(k) = 1 + \boldsymbol{z}^{\mathrm{H}}(k)\boldsymbol{z}(k)$ 可得[109]

$$\begin{bmatrix} \boldsymbol{0} \\ \boldsymbol{t}(k) \end{bmatrix} = \boldsymbol{P}(k)\begin{bmatrix} \boldsymbol{z}(k) \\ \boldsymbol{1} \end{bmatrix} \tag{6.20}$$

比较式(6.19)和式(6.20)可知,当一个酉阵通过输入数据 1 把 $\boldsymbol{z}(k)$ 变换为零矢量时,相同的酉阵可以通过输入数据 $\boldsymbol{0}$ 把 $\boldsymbol{A}_{k-1}^{-\mathrm{H}}$ 更新为 $\boldsymbol{A}_k^{-\mathrm{H}}$。

将式(6.19)的两边同时右乘 $\boldsymbol{a}_s$,可以得到

$$\begin{bmatrix} \boldsymbol{A}_k^{-\mathrm{H}}\boldsymbol{a}_s \\ \boldsymbol{g}^{\mathrm{H}}(k)\boldsymbol{a}_s \end{bmatrix} = \boldsymbol{P}(k)\begin{bmatrix} \boldsymbol{A}_{k-1}^{-\mathrm{H}}\boldsymbol{a}_s \\ \boldsymbol{0} \end{bmatrix} \Leftrightarrow \begin{bmatrix} \boldsymbol{v}_k \\ \boldsymbol{g}^{\mathrm{H}}(k)\boldsymbol{a}_s \end{bmatrix} = \boldsymbol{P}(k)\begin{bmatrix} \boldsymbol{v}_{k-1} \\ \boldsymbol{0} \end{bmatrix} \tag{6.21}$$

可见,采用相同的酉阵 $\boldsymbol{P}(k)$ 还可以通过输入数据 $\boldsymbol{0}$ 把 $\boldsymbol{v}_{k-1}$ 更新为 $\boldsymbol{v}_k$。在得到了 $\boldsymbol{A}_k^{-\mathrm{H}}$ 和 $\boldsymbol{v}_k$ 以后,就可以利用式(6.12)求出 $\boldsymbol{w}_k$。

总结递推 IQRD - SMI 算法的实现步骤如下。

步骤 1:初始化,由于上述过程都是在 $k \geqslant M$ 时推导出来的,所以初始状态为 $k = M$ 时,通过 QR 分解得到 $\boldsymbol{A}_M$,并计算出中间矢量 $\boldsymbol{v}_M$ 和下三角矩阵 $\boldsymbol{A}_M^{-\mathrm{H}}$。

步骤 2:$k = M+1, M+1, \cdots$。

(1) 计算 $\boldsymbol{z}(k) = \boldsymbol{A}_{k-1}^{-\mathrm{H}}\boldsymbol{x}(k)$。

(2) 由方程 $\boldsymbol{P}(k)\begin{bmatrix} \boldsymbol{z}(k) \\ \boldsymbol{1} \end{bmatrix} = \begin{bmatrix} \boldsymbol{0} \\ \boldsymbol{t}(k) \end{bmatrix}$ 确定酉阵 $\boldsymbol{P}(k)$。

(3) 利用第(2)步确定的酉阵 $\boldsymbol{P}(k)$ 更新得到中间矢量 $\boldsymbol{v}_k$ 和下三角矩阵 $\boldsymbol{A}_k^{-\mathrm{H}}$,即

$$\boldsymbol{P}(k)\begin{bmatrix} \boldsymbol{A}_{k-1}^{-\mathrm{H}} & \vdots & \boldsymbol{v}_{k-1} \\ \boldsymbol{0} & \vdots & \boldsymbol{0} \end{bmatrix} = \begin{bmatrix} \boldsymbol{A}_k^{-\mathrm{H}} & \vdots & \boldsymbol{v}_k \\ \boldsymbol{g}^{\mathrm{H}}(k) & \vdots & \boldsymbol{g}^{\mathrm{H}}(k)\boldsymbol{a}_s \end{bmatrix}$$

(4) 更新自适应权:$\boldsymbol{w}_k = (\boldsymbol{A}_k^{-\mathrm{H}}\boldsymbol{v}_k^{\mathrm{H}})^{\mathrm{H}} = (\boldsymbol{A}_k^{-\mathrm{H}})^{\mathrm{H}}\boldsymbol{v}_k$。

6.1.3 改进的 QRD/IQRD - LSM 算法

对于 QRD 和 IQRD 算法来讲,由于没有计算 $\hat{\boldsymbol{R}}_x$,而是采用中间矢量 $\boldsymbol{v}_k$ 和上

三角阵 $\boldsymbol{A}_k$ 求解自适应权的，因而，不能直接进行对角加载。冯地耕和 Cao Jianshu 分别研究了 QRD-LSMI(QR Decomposition Diagonal Loaded Sample-Matrix Inversion)算法[105]和 IQRD-LSMI(Inverse QR Decomposition Diagonal Loaded Sample-Matrix Inversion)算法[109]，这两种方法都采用了常规的对角加载方式，即将加载后的矩阵表示为

$$\boldsymbol{R}_{\mathrm{L}} = \boldsymbol{R}_x + \sigma^2\boldsymbol{I} = \frac{1}{k}\boldsymbol{X}_k\boldsymbol{X}_k^{\mathrm{H}} + \sigma^2\boldsymbol{I} = \frac{1}{k}[\sqrt{k}\sigma\boldsymbol{I} \quad \boldsymbol{X}_k]\begin{bmatrix}\sqrt{k}\sigma\boldsymbol{I}\\ \boldsymbol{X}_k^{\mathrm{H}}\end{bmatrix} \tag{6.22}$$

令 $\boldsymbol{Y}_k = [\sqrt{k}\sigma\boldsymbol{I} \quad \boldsymbol{X}_k]$，则有

$$\boldsymbol{R}_{\mathrm{L}} = \frac{1}{k}\boldsymbol{Y}_k\boldsymbol{Y}_k^{\mathrm{H}} \tag{6.23}$$

对 $\boldsymbol{Y}_k^{\mathrm{H}}$ 进行 QR 分解，得

$$\boldsymbol{Q}_k\boldsymbol{Y}_k^{\mathrm{H}} = \begin{bmatrix}\boldsymbol{B}_k\\ \boldsymbol{0}\end{bmatrix} \tag{6.24}$$

设在 $k-1$ 时刻已经实现数据矩阵 $\boldsymbol{Y}_{k-1}^{\mathrm{H}}$ 的三角化，则在 k 时刻，由于

$$\boldsymbol{Y}_k^{\mathrm{H}} = \begin{bmatrix}\sqrt{k}\sigma\boldsymbol{I}\\ \boldsymbol{X}_{k-1}^{\mathrm{H}}\\ \boldsymbol{x}^{\mathrm{H}}(k)\end{bmatrix} \neq \begin{bmatrix}\sqrt{k-1}\sigma\boldsymbol{I}\\ \boldsymbol{X}_{k-1}^{\mathrm{H}}\\ \boldsymbol{x}^{\mathrm{H}}(k)\end{bmatrix} = \begin{bmatrix}\boldsymbol{Y}_{k-1}^{\mathrm{H}}\\ \boldsymbol{x}^{\mathrm{H}}(k)\end{bmatrix} \tag{6.25}$$

可见，由于系数 $\sqrt{k}$ 的存在，不能由 $k-1$ 时刻的上三角阵 $\boldsymbol{B}_{k-1}$ 递推计算 $\boldsymbol{B}_k$，只能按常规计算方式，运算量较大。

对于 Cao 给出的 IQRD－LSMI 算法，由于

$$\begin{aligned}\boldsymbol{B}_k^{\mathrm{H}}\boldsymbol{B}_k &= \boldsymbol{X}_k\boldsymbol{X}_k^{\mathrm{H}} + k\sigma^2\boldsymbol{I}\\ &= \boldsymbol{X}_{k-1}\boldsymbol{X}_{k-1}^{\mathrm{H}} + (k-1)\sigma^2\boldsymbol{I} + \sigma^2\boldsymbol{I} + \boldsymbol{x}(k)\,\boldsymbol{x}^{\mathrm{H}}(k)\\ &= \boldsymbol{B}_{k-1}^{\mathrm{H}}\boldsymbol{B}_{k-1} + \boldsymbol{x}(k)\,\boldsymbol{x}^{\mathrm{H}}(k) + \sigma^2\boldsymbol{I}\end{aligned} \tag{6.26}$$

将式(6.26)与式(6.14)进行比较，由于增加了 $\sigma^2\boldsymbol{I}$ 项，也无法采用 IQRD 算法的递推公式。

可见，常规加载方式下的 LSMI 算法不能利用 QRD 和 IQRD 的递推算法。为了解决这个问题，我们采用变对角加载的方式，令第 k 次快拍时的对角加载量为 σ^2/k，这样有

$$\boldsymbol{R}_{\mathrm{L}} = \boldsymbol{R}_x + \frac{1}{k}\sigma^2\boldsymbol{I} = \frac{1}{k}(\boldsymbol{X}_k\boldsymbol{X}_k^{\mathrm{H}} + \sigma^2\boldsymbol{I}) = \frac{1}{k}[\sigma\boldsymbol{I} \quad \boldsymbol{X}_k]\begin{bmatrix}\sigma\boldsymbol{I}\\ \boldsymbol{X}_k^{\mathrm{H}}\end{bmatrix} \tag{6.27}$$

令 $\boldsymbol{Y}_k = [\sigma\boldsymbol{I} \quad \boldsymbol{X}_k]$，则有

$$\boldsymbol{R}_{\mathrm{L}} = \frac{1}{k}\boldsymbol{Y}_k\boldsymbol{Y}_k^{\mathrm{H}} \tag{6.28}$$

设在 $k-1$ 时刻已经用酉阵 $\boldsymbol{Q}_{k-1}$ 将数据矩阵 $\boldsymbol{Y}_{k-1}^{\mathrm{H}}$ 三角化为 $\boldsymbol{B}_{k-1}$,则在 k 时刻,有

$$\boldsymbol{Q}_k\boldsymbol{Y}_k^{\mathrm{H}} = \boldsymbol{Q}_k\begin{bmatrix}\sigma\boldsymbol{I}\\ \boldsymbol{X}_{k-1}^{\mathrm{H}}\\ \boldsymbol{x}^{\mathrm{H}}(k)\end{bmatrix} = \boldsymbol{Q}_k\begin{bmatrix}\boldsymbol{Y}_{k-1}^{\mathrm{H}}\\ \boldsymbol{x}^{\mathrm{H}}(k)\end{bmatrix} = \tilde{\boldsymbol{Q}}_k\begin{bmatrix}\boldsymbol{B}_{k-1}\\ \boldsymbol{0}\\ \boldsymbol{x}^{\mathrm{H}}(k)\end{bmatrix} = \begin{bmatrix}\boldsymbol{B}_k\\ \boldsymbol{0}\\ \boldsymbol{0}\end{bmatrix} \tag{6.29}$$

这样就可以在每次快拍更新得到 $\boldsymbol{B}_k$,用 $\boldsymbol{B}_k$ 代替 QRD－SMI 算法中的 $\boldsymbol{A}_k$,经过前后向回代可以得到 $\boldsymbol{w}_k$。为了同 QRD－LSMI 算法相区分,我们将这种方法简称为 QRD－MLSMI(QR Decomposition Multiple Diagonal Loaded Sample－Matrix Inversion)算法。

为了避开前后向回代运算,我们利用 IQRD 的思想做进一步改进,将自适应权的求解过程表示为

$$\begin{cases}\boldsymbol{v}_k = \boldsymbol{B}_k^{-\mathrm{H}}\boldsymbol{a}_s\\ \boldsymbol{w}_k^{\mathrm{H}} = \boldsymbol{v}_k^{\mathrm{H}}\boldsymbol{B}_k^{-\mathrm{H}}\end{cases} \tag{6.30}$$

由于此时的三角矩阵 $\boldsymbol{B}_k$ 满足

$$\boldsymbol{B}_k^{\mathrm{H}}\boldsymbol{B}_k = \boldsymbol{X}_{k-1}\boldsymbol{X}_{k-1}^{\mathrm{H}} + \boldsymbol{x}(k)\,\boldsymbol{x}^{\mathrm{H}}(k) + \sigma^2\boldsymbol{I} = \boldsymbol{B}_{k-1}^{\mathrm{H}}\boldsymbol{B}_{k-1} + \boldsymbol{x}(k)\,\boldsymbol{x}^{\mathrm{H}}(k) \tag{6.31}$$

可以看出,式(6.31)同式(6.14)具有相同的形式,因此,可以采用同 IQRD－SMI 算法相同的递推步骤更新上三角阵 $\boldsymbol{B}_k^{-\mathrm{H}}$ 和中间矢量 $\boldsymbol{v}_k$,进而求得 $\boldsymbol{w}_k$。我们将这种方法称为 IQRD－MLSMI(Inverse QR Decomposition Multiple Diagonal Loaded Sample－Matrix Inversion)算法,与 IQRD－SMI 算法不同的是,由于 IQRD－MLSMI 算法中增加了对角加载量,使得递推过程也适用于 $k<M$,因此,初始状态为 $k=0$时,令 $\boldsymbol{B}_0^{-\mathrm{H}} = \sigma^{-1}\boldsymbol{I}$,$\boldsymbol{v}_0 = \boldsymbol{B}_0^{-\mathrm{H}}\boldsymbol{a}_s = \sigma^{-1}\boldsymbol{a}_s$。

6.1.4 计算机仿真分析

下面对本节介绍的几种基于 QRD 和 IQRD 的波束形成算法的性能进行仿真分析。

例 6.1 QRD－SMI 算法和 IQRD－SMI 算法的性能与快拍 k 的关系。

假设一个期望信号和两个干扰信号从远场入射到阵元间距为半波长的 10 元等距线阵,期望信号和干扰信号两两互不相关;期望信号方向为 0°,输入 SNR 为 10dB,两个干扰信号的入射方向分别为 40°、－30°,干扰噪声比分别为 30dB、35dB。

图 6.1 给出了 SMI、QRD－SMI 和 IQRD－SMI 算法的阵列增益随快拍数变化的曲线,从图中可以看出,3 条曲线是重合的。这是由于这种方法计算自适应权的原理是相同的,因此,其波束形成性能也基本相同,不同的是具体实现方式,前者是均方域算法,后两者是数据域算法,数值稳定性更好。后两者中又由于 IQRD－SMI 算法的并行性优于 QRD－SMI 算法,更利于实时实现,因此,工程中可以采用 IQRD－SMI 算法代替 SMI 算法。

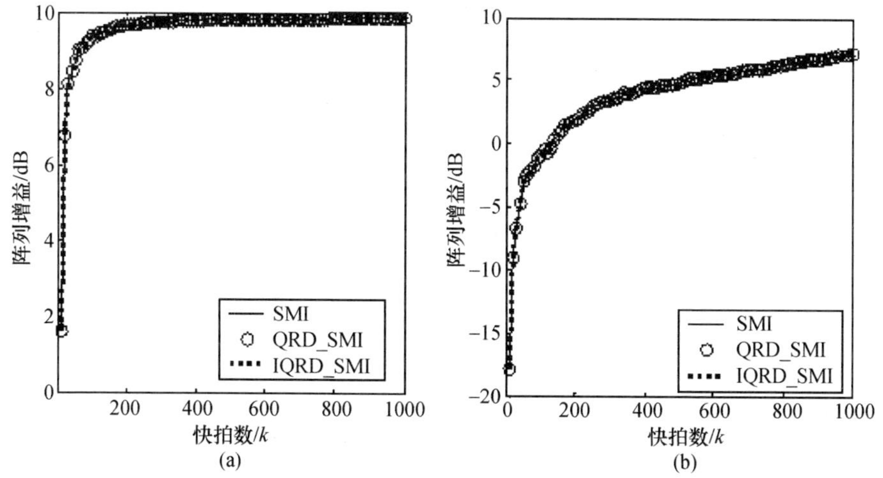

图 6.1　几种算法性能随快拍数变化曲线
(a)样本数据中不含期望信号;(b)样本数据中含期望信号。

图 6.2 给出了不同快拍数 IQRD－SMI 算法的波束图,从图中可以看出,样本中不含期望信号,在采样数 $k < 2M$ 时,自适应波束没能将主瓣指向期望信号,旁瓣也很高,波束畸变很明显,而在 $k \geqslant 2M$,波束图将主瓣指向了期望信号,在干扰方向也形成了更深的零陷,并且随着采样数的不断增加,对输入数据协方差矩阵的估计越来越充分,使干扰抑制深度进一步加深,并且旁瓣性能也逐步改善,在快拍数为 1000 时,波束性能已经很好了。在样本中含期望信号时,要获得较好的波束形状需要的快拍数更多,这与 SMI 算法的性能是一致的。

例 6.2　IQRD－SMI、IQRD－LSMI 和 IQRD－MLSMI 算法性能比较。

仿真条件同例 6.1,IQRD－LSMI 算法中对角加载量取 10dB,IQRD－MLSMI 算法中,由于对角加载量随着快拍数增加而减小,初始的加载量需要适当取大些,而加载量越大,对干扰抑制的灵敏度越低,一般要求加载量小于干扰特征值,因此,我们取 $k=1$ 时的加载量为 30dB,对应第 k 次快拍时的加载量为 $30-10\lg k$(dB)。

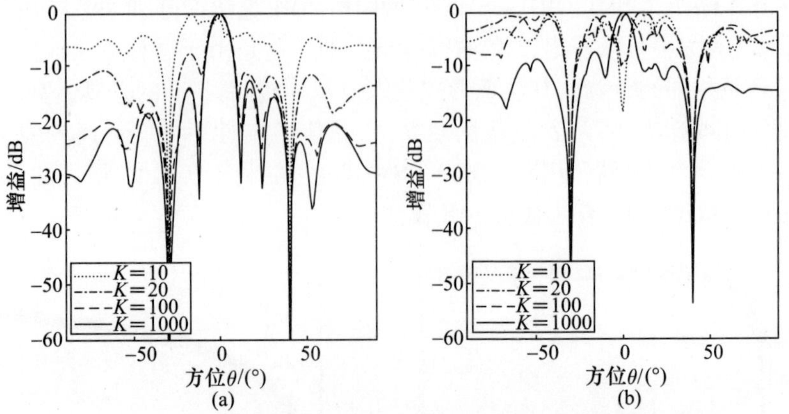

图 6.2 不同快拍次数时 IQRD - SMI 算法的波束图

(a)样本数据中不含期望信号；(b)样本数据中含期望信号。

分别计算 3 种方法的样本协方差矩阵中噪声特征值的扩散程度 $10\lg(\lambda_{n\max}/\lambda_{n\min})$，其中 $\lambda_{n\max}$、$\lambda_{n\min}$ 分别为噪声的最大和最小特征值，结果显示于图 6.3 中。从图中可以看出，IQRD - SMI 算法的噪声特征值扩散程度随快拍数的增加而减小，对角加载对噪声特征值扩散程度的改善主要体现在快拍数较少时，这时加载量越大，改善越明显。IQRD - MLSMI 算法在快拍较少时保证了与 IQRD - LSMI 算法相当的加载量，因此，两者的性能相当。随着快拍数的增多，其加载量越来越小，特征值扩散程度越来越接近于 IQRD - SMI 算法，而此时 IQRD - SMI 算法本身的噪声特征值时扩散程度已经比较小，对角加载的作用越来越不明显，因此，越来越小的加载量与固定加载量的性能差别不大。

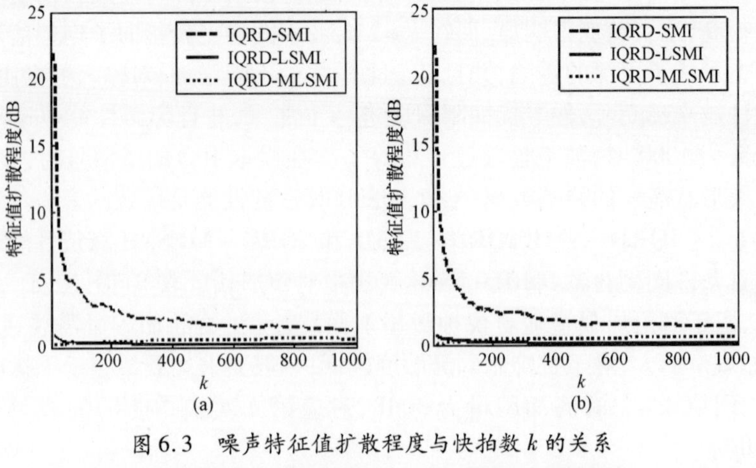

图 6.3 噪声特征值扩散程度与快拍数 k 的关系

(a)样本数据中不含期望信号；(b)样本数据中含期望信号。

图6.4 显示了上述3种方法的阵增益损失随快拍数变化曲线。从图中可以看出，IQRD - SMI 算法在小快拍时阵增益损失很大，IQRD - LSMI 算法和IQRD - MLSMI 算法都大大改善了阵列增益，并且两种方法的性能差别不大。

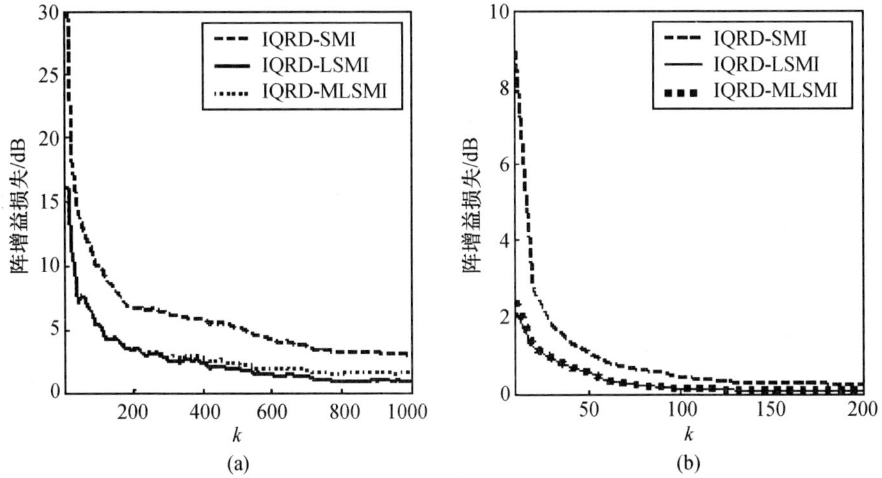

图6.4 阵增益损失与快拍数 k 的关系

(a)样本数据中不含期望信号；(b)样本数据中含期望信号。

图6.5 为样本数据中不含期望信号时3种方法的波束图，快拍数 k 分别取20和200。可以看出，$k=20$ 时 IQRD - SMI 算法的波束图已经将主瓣指向了期望信号，并且在干扰方向形成了较深零陷，但此时的旁瓣水平很高，对角加载对旁瓣性能的改善非常明显。随着快拍数的增多，IQRD - SMI 算法的旁瓣水平逐渐变低，在 $k=20M$ 时，已经接近于对角加载后的旁瓣水平。两种对角加载方法的波束图形状非常接近。

图6.6 为样本数据中含期望信号时3种方法在不同快拍时的波束图。可以看出，IQRD - SMI 算法在 $k=1000$ 时才能获得较好的波束形状，而 IQRD - LSMI 和 IQRD - MLSMI 的波束性能在 $k=20$ 时已经与 $k=1000$ 时的 IQRD - SMI 算法相当，并且此时由于 IQRD - MLSMI 算法的加载量更大，因此，其旁瓣性能更好。随着 k 的增大，IQRD - MLSMI 算法的加载量逐渐减小，其旁瓣水平相对于 IQRD - LSMI 算法会升高，但仍低于 IQRD - SMI 算法。实际上，由于对角加载后的收敛速度很快，达到较好的性能并不需要太多的快拍数，并且实际可以利用的快拍也不可能无限多，因此，IQRD - MLSMI 算法的对角加载量不会无限小，只要选取适当大的初始值，QRD - MLSMI 算法就可以获得同 QRD - LSMI 算法相当的性能。

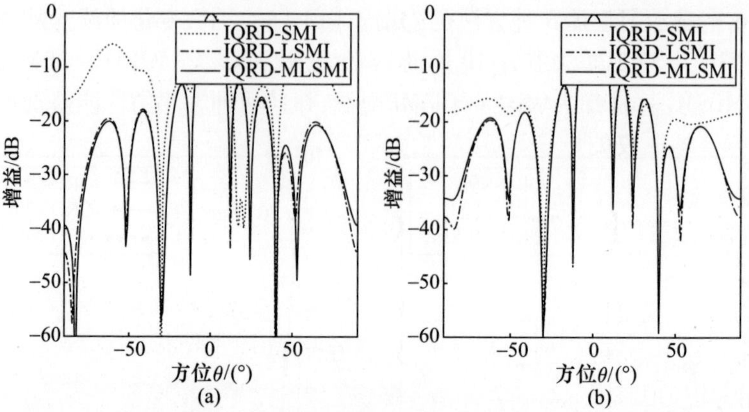

图 6.5　不同快拍数 k 时 3 种算法波束图(样本数据中不含期望信号)
(a) $k=20$；(b) $k=200$。

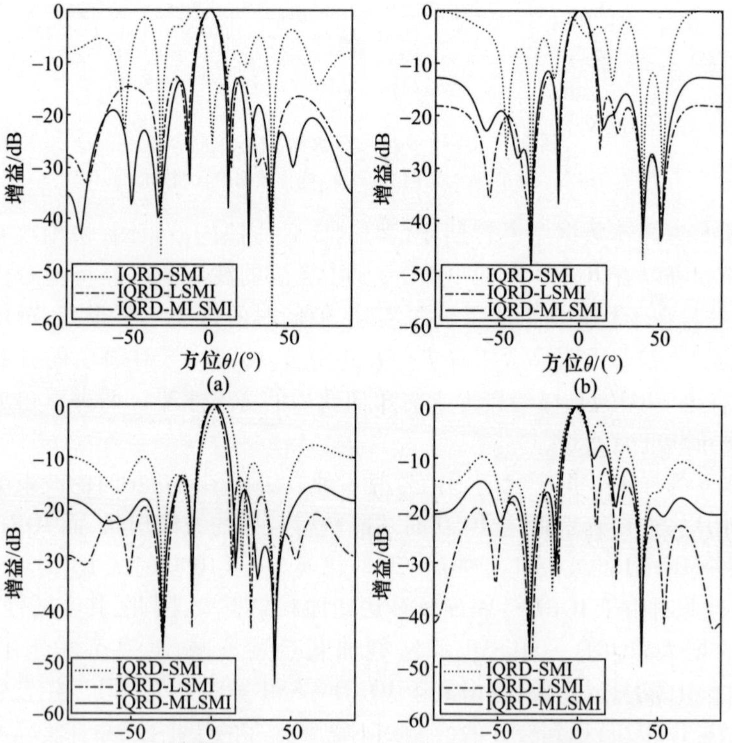

图 6.6　不同快拍数 k 时 3 种算法波束图(样本数据中含期望信号)
(a) $k=20$；(b) $k=200$；(c) $k=500$；(d) $k=1000$。

从上述分析可以看出,采用变对角加载量的方法与固定加载量的方法在性能上差别不大,但其可以采用递推 QRD 算法,能实时地更新自适应权,尤其是采用了 IQRD 算法结构的 IQRD - MLSMI 算法,避免了前后向回代运算,允许全速、实时并行地抽取权矢量,运算速度大大提高,并且易于硬件实现。

6.2 快拍数小于阵元数时 QRD 的快速算法

对于阵列规模比较大的高动态飞行器天线系统,如星载多波束天线,一方面,其阵元数很多,可以到达上百个,另一方面,由于高动态的特性,可以利用的有效快拍数却很有限,这样就可能出现快拍数小于阵元数的情况。6.1 节的递推算法大部分都是在 $k>M$ 时进行的,而 IQRD - MLSMI 算法虽然也适用于 $k<M$ 的情况,但在 $k<M$ 时更新自适应权的运算量同 $k>M$ 时是一样的,本节针对 $k<M$ 时的特点,提出了一种更快速的递推 QRD 算法。

6.2.1 算法的原理

取式(6.27)的对角加载方式,即

$$\boldsymbol{R}_{\mathrm{L}}=\boldsymbol{R}_x+\frac{1}{k}\sigma^2\boldsymbol{I}=\frac{1}{k}(\boldsymbol{X}_k\boldsymbol{X}_k^{\mathrm{H}}+\sigma^2\boldsymbol{I}) \tag{6.32}$$

利用矩阵求逆引理对 $\boldsymbol{R}_{\mathrm{L}}$ 进行求逆运算,可以得到

$$\boldsymbol{R}_{\mathrm{L}}^{-1}=k\sigma^{-2}[\boldsymbol{I}-\boldsymbol{X}_k(\boldsymbol{X}_k^{\mathrm{H}}\boldsymbol{X}_k+\sigma^2\boldsymbol{I}_k)^{-1}\boldsymbol{X}_k^{\mathrm{H}}] \tag{6.33}$$

式中:$\boldsymbol{I}_k$ 表示 $k\times k$ 维单位矩阵。令 $\boldsymbol{R}_k=\boldsymbol{X}_k^{\mathrm{H}}\boldsymbol{X}_k+\sigma^2\boldsymbol{I}_k$,则有

$$\boldsymbol{R}_{\mathrm{L}}^{-1}=k\sigma^{-2}(\boldsymbol{I}-\boldsymbol{X}_k\boldsymbol{R}_k^{-1}\boldsymbol{X}_k^{\mathrm{H}}) \tag{6.34}$$

由于 $\boldsymbol{R}_k$ 为 $k\times k$ 维矩阵,这样就将对 $M\times M$ 阶矩阵 $\boldsymbol{R}_{\mathrm{L}}$ 的求逆问题转换成了 $k\times k$ 阶矩阵 $\boldsymbol{R}_k$ 的求逆问题[150]。

直接对 $\boldsymbol{R}_k$ 进行求逆,属于均方域方法,数值稳定性不好,因此,参考 QRD - SMI 算法中对输入数据矩阵 $\boldsymbol{X}_k^{\mathrm{H}}$ 进行 QR 分解的思路,我们将 $\boldsymbol{R}_k$ 表示为

$$\boldsymbol{R}_k=[\boldsymbol{X}_k^{\mathrm{H}}\sigma\boldsymbol{I}_k]\begin{bmatrix}\boldsymbol{X}_k\\ \sigma\boldsymbol{I}_k\end{bmatrix}=\boldsymbol{Y}_k^{\mathrm{H}}\boldsymbol{Y}_k \tag{6.35}$$

式中:$\boldsymbol{Y}_k=\begin{bmatrix}\boldsymbol{X}_k\\ \sigma\boldsymbol{I}_k\end{bmatrix}$。对处理后的数据矩阵 $\boldsymbol{Y}_k$ 也进行 QR 分解,即

$$\boldsymbol{Q}_k\boldsymbol{Y}_k=\begin{bmatrix}\boldsymbol{B}_k\\ \boldsymbol{0}\end{bmatrix}=\begin{bmatrix}b_{11} & b_{12} & \cdots & b_{1k}\\ & b_{22} & \cdots & b_{2k}\\ & & \ddots & \vdots\\ & & & b_{kk}\\ & & \boldsymbol{0} & \end{bmatrix} \tag{6.36}$$

式中：$\boldsymbol{B}_k$ 为 $k \times k$ 维上三角矩阵。于是有

$$\boldsymbol{R}_k = \boldsymbol{Y}_k^{\mathrm{H}} \boldsymbol{Y}_k = \boldsymbol{Y}_k^{\mathrm{H}} \boldsymbol{Q}_k^{\mathrm{H}} \boldsymbol{Q}_k \boldsymbol{Y}_k = \boldsymbol{B}_k^{\mathrm{H}} \boldsymbol{B}_k \tag{6.37}$$

这样，式(6.34)可以表示为

$$\boldsymbol{R}_{\mathrm{L}}^{-1} = k\sigma^{-2}[\boldsymbol{I} - \boldsymbol{X}_k (\boldsymbol{B}_k^{\mathrm{H}} \boldsymbol{B}_k)^{-1} \boldsymbol{X}_k^{\mathrm{H}}] = k\sigma^{-2}[\boldsymbol{I} - (\boldsymbol{X}_k \boldsymbol{B}_k^{-1})(\boldsymbol{X}_k \boldsymbol{B}_k^{-1})^{\mathrm{H}}] \tag{6.38}$$

令 $\boldsymbol{X}_k \boldsymbol{B}_k^{-1} = \boldsymbol{Z}_k$，即 $\boldsymbol{X}_k = \boldsymbol{Z}_k \boldsymbol{B}_k$，则有

$$\boldsymbol{R}_{\mathrm{L}}^{-1} = k\sigma^{-2}[\boldsymbol{I} - \boldsymbol{Z}_k \boldsymbol{Z}_k^{\mathrm{H}}] \tag{6.39}$$

因此，自适应权矢量为

$$\boldsymbol{w} = \mu \boldsymbol{R}_{\mathrm{L}}^{-1} \boldsymbol{a}_s = \mu k \sigma^{-2} (\boldsymbol{I} - \boldsymbol{Z}_k \boldsymbol{Z}_k^{\mathrm{H}}) \boldsymbol{a}_s \tag{6.40}$$

由于 μ 是任意比例常数，不妨令 $\mu = \sigma^2 / k$，因此可得

$$\boldsymbol{w} = \boldsymbol{a}_s - \boldsymbol{Z}_k \boldsymbol{Z}_k^{\mathrm{H}} \boldsymbol{a}_s \tag{6.41}$$

利用式(6.41)求解自适应权可以将计算量由 $O(M^3)$ 降为 $O(kM^2)$。

6.2.2 递推实现

设初始状态为 $k=0$，由于

$$\boldsymbol{Y}_k = \begin{bmatrix} \boldsymbol{X}_k \\ \sigma \boldsymbol{I}_k \end{bmatrix} = \begin{bmatrix} \boldsymbol{X}_{k-1} & \boldsymbol{x}(k) \\ \sigma \boldsymbol{I}_{k-1} & \boldsymbol{0} \\ \boldsymbol{0} & \sigma \end{bmatrix} \tag{6.42}$$

可见，与更新 $\boldsymbol{X}_k^{\mathrm{H}}$ 增加行矢量的方式不同，$\boldsymbol{Y}_k$ 的更新方式是增加列矢量，因此，我们采用适用于列矢量处理的 Gram - Schmidt 正交化方法对 $\boldsymbol{Y}_k$ 进行逐次迭代的 QR 分解。用 $\boldsymbol{y}_k(n)$ $(n=1,\cdots,k)$ 表示 $\boldsymbol{Y}_k$ 的列矢量，$\boldsymbol{q}_n^{(k)}$ 表示正交化后的第 n 个列矢量，$b_{ij}^{(k)}$ 表示上三角矩阵 $\boldsymbol{B}_k$ 的第 i 行第 j 列元素，则在第 n 次迭代后可以得到

$$\begin{cases} b_{1n}^{(k)} = (\boldsymbol{q}_1^{(k)})^{\mathrm{H}} \boldsymbol{y}_k(n), b_{2n}^{(k)} = (\boldsymbol{q}_2^{(k)})^{\mathrm{H}} \boldsymbol{y}_k(n), \cdots, b_{n-1,n}^{(k)} = (\boldsymbol{q}_{n-1}^{(k)})^{\mathrm{H}} \boldsymbol{y}_k(n) \\ \boldsymbol{p}_n^{(k)} = \boldsymbol{y}_k(n) - (\boldsymbol{q}_1^{(k)} b_{1n}^{(k)} + \boldsymbol{q}_1^{(k)} b_{2n}^{(k)} + \cdots + \boldsymbol{q}_{n-1}^{(k)} b_{n-1,n}^{(k)}) \\ b_{nn}^{(k)} = \| \boldsymbol{p}_n^{(k)} \|_2 \\ \boldsymbol{q}_n^{(k)} = \dfrac{\boldsymbol{p}_n^{(k)}}{b_{nn}^{(k)}} \end{cases} \tag{6.43}$$

其中初始值为 $b_{11}^{(k)} = \| \boldsymbol{y}_k(1) \|_2$，$\boldsymbol{q}_1^{(k)} = \boldsymbol{y}_k(1) / b_{11}^{(k)}$。对于第 k 次快拍，求解 $\boldsymbol{B}_k$ 需要 k 次式(6.43)的迭代过程，如果能利用第 $k-1$ 次的结果 $\boldsymbol{B}_{k-1}$ 递推计算 $\boldsymbol{B}_k$，则可以大大降低计算量。分析 Gram - Schmidt 正交化的迭代过程，其初始值满足

$$\begin{cases} b_{11}^{(k)} = \| \boldsymbol{y}_k(1) \|_2 = \left\| \begin{bmatrix} \boldsymbol{y}_{k-1}(1) \\ 0 \end{bmatrix} \right\|_2 = b_{11}^{(k-1)} \\ \boldsymbol{q}_1^{(k)} = \boldsymbol{y}_k(1)/b_{11}^{(k)} = \begin{bmatrix} \boldsymbol{y}_{k-1}(1) \\ \boldsymbol{0} \end{bmatrix} / b_{11}^{(k-1)} = \begin{bmatrix} \boldsymbol{q}_1^{(k-1)} \\ \boldsymbol{0} \end{bmatrix} \end{cases} \tag{6.44}$$

若前 $n-1$ 次迭代中满足 $\boldsymbol{q}_i^{(k)} = \begin{bmatrix} \boldsymbol{q}_i^{(k-1)} \\ \boldsymbol{0} \end{bmatrix}$ $(i=1,2,\cdots,n-1)$，则对于第 $n(n \leqslant k)$ 次迭代过程，有

$$\begin{cases} b_{in}^{(k)} = (\boldsymbol{q}_1^{(k)})^{\mathrm{H}} \boldsymbol{y}_k(n) = \begin{bmatrix} \boldsymbol{q}_i^{(k-1)} \\ \boldsymbol{0} \end{bmatrix}^{\mathrm{H}} \begin{bmatrix} \boldsymbol{y}_{k-1}(n) \\ \boldsymbol{0} \end{bmatrix} = b_{in}^{(k-1)}, i = 1,\cdots,n-1 \\ \boldsymbol{p}_n^{(k)} = \begin{bmatrix} \boldsymbol{y}_{k-1}(n) \\ \boldsymbol{0} \end{bmatrix} - \left(b_{1n}^{(k)} \begin{bmatrix} \boldsymbol{q}_1^{(k-1)} \\ \boldsymbol{0} \end{bmatrix} + \cdots + b_{n-1,n}^{(k)} \begin{bmatrix} \boldsymbol{q}_{n-1}^{(k-1)} \\ \boldsymbol{0} \end{bmatrix} \right) = \begin{bmatrix} \boldsymbol{p}_n^{(k-1)} \\ \boldsymbol{0} \end{bmatrix} \\ b_{nn}^{(k)} = \| \boldsymbol{p}_n^{(k)} \|_2 = b_{nn}^{(k-1)} \\ \boldsymbol{q}_n^{(k)} = \dfrac{\boldsymbol{p}_n^{(k)}}{b_{nn}^{(k)}} = \begin{bmatrix} \boldsymbol{q}_n^{(k-1)} \\ \boldsymbol{0} \end{bmatrix} \end{cases} \tag{6.45}$$

因此，可以得出 $\boldsymbol{q}_i^{(k)} = \begin{bmatrix} \boldsymbol{q}_i^{(k-1)} \\ \boldsymbol{0} \end{bmatrix}$ $(i=1,2,\cdots,k-1)$，$b_{ij}^{(k)} = b_{ij}^{(k-1)}$ $(i,j=1,2,\cdots,k-1)$。可见，$b_{ij}^{(k)}$ 的取值与 k 无关，因此省略掉上标将其记为 b_{ij}。$\boldsymbol{B}_k$ 可以表示为

$$\boldsymbol{B}_k = \begin{bmatrix} \boldsymbol{B}_{k-1} & \boldsymbol{b}_k \\ \boldsymbol{0} & \end{bmatrix} \tag{6.46}$$

式中：$\boldsymbol{b}_k = [b_{1k}, b_{2k}, \cdots, b_{kk}]^{\mathrm{T}}$ 表示 $\boldsymbol{B}_k$ 的最后一列数据。

又由 $\boldsymbol{Z}_k \boldsymbol{B}_k = \boldsymbol{X}_k$ 可以得出

$$[z_k(1), z_k(2), \cdots, z_k(k-1), z_k(k)] \begin{bmatrix} \boldsymbol{B}_{k-1} & \boldsymbol{b}_k \\ \boldsymbol{0} & \end{bmatrix} = [x(1), x(2), \cdots, x(k-1), x(k)]$$

$$\Leftrightarrow \begin{cases} [z_k(1), z_k(2), \cdots, z_k(k-1)] \boldsymbol{B}_{k-1} = [x(1), x(2), \cdots, x(k-1)] \\ [z_k(1), z_k(2), \cdots, z_k(k-1), z_k(k)] \boldsymbol{b}_k = x(k) \end{cases}$$

$$\Leftrightarrow \begin{cases} z_k(n) = z_{k-1}(n), n = 1,2,\cdots,k-1 \\ z_k(k) = \dfrac{x(k) - [b_{1k} z_k(1) + b_{2k} z_k(2) + \cdots + b_{k-1,k} z(k-1)]}{b_{kk}} \end{cases} \tag{6.47}$$

可见，$z_k(n)$ 的取值也与 k 无关，因此，我们可以省略掉下标，将 $z_k(n)$ 表示为 $z(n)$，这样即有

$$\boldsymbol{Z}_k = [\boldsymbol{Z}_{k-1}, \boldsymbol{z}(k)] \tag{6.48}$$

其中

$$\boldsymbol{z}(k) = \frac{\boldsymbol{x}(k) - [b_{1k}\boldsymbol{z}(1) + b_{2k}\boldsymbol{z}(2) + \cdots + b_{k-1,k}\boldsymbol{z}(k-1)]}{b_{kk}} \tag{6.49}$$

将式(6.49)代入到式(6.41)中，可以得出自适应权更新公式，即

$$\boldsymbol{w}_k = \boldsymbol{a}_s - \boldsymbol{Z}_k\boldsymbol{Z}_k^{\mathrm{H}}\boldsymbol{a}_s = \boldsymbol{a}_s - [\boldsymbol{Z}_{k-1}z(k)]\begin{bmatrix}\boldsymbol{Z}_{k-1}^{\mathrm{H}}\\ z^{\mathrm{H}}(k)\end{bmatrix}\boldsymbol{a}_s = \boldsymbol{w}_{k-1} - \boldsymbol{z}(k)\,\boldsymbol{z}^{\mathrm{H}}(k)\boldsymbol{a}_s \tag{6.50}$$

我们将这种递推算法记为 SQRD – MLSMI (Snapshots QR Decomposition Diagonal Loaded Sample – Matrix Inversion)算法，总结该算法的步骤如下。

步骤1：初始化令 $\boldsymbol{w}(0) = \boldsymbol{a}_s$。

步骤2：取 $k=1,2,\cdots,M$。

(1)令 $\boldsymbol{y}_k(k) = \begin{bmatrix}\boldsymbol{x}(k)\\ \sigma\boldsymbol{e}_k\end{bmatrix}$，$\boldsymbol{e}_k$ 表示 $\boldsymbol{I}_k$ 的第 k 列数据。

(2) 利用 Gram – Schmidt 正交化法求解上三角矩阵的 $\boldsymbol{B}_k$ 的最后一列元素，即

$$\boldsymbol{q}_i^{(k)} = \begin{bmatrix}\boldsymbol{q}_i^{(k-1)}\\ \boldsymbol{0}\end{bmatrix}, \qquad i = 1,2,\cdots,k-1$$

$$b_{ik} = (\boldsymbol{q}_1^{(k)})^{\mathrm{H}}\boldsymbol{y}_k(k), \qquad i = 1,2,\cdots,k-1$$

$$\boldsymbol{p}_k^{(k)} = \boldsymbol{y}_k(k) - (\boldsymbol{q}_1^{(k)}b_{1k} + \boldsymbol{q}_2^{(k)}b_{2k} + \cdots + \boldsymbol{q}_{k-1}^{(k)}b_{k-1,k})$$

$$b_{kk} = \|\boldsymbol{p}_k^{(k)}\|_2$$

$$\boldsymbol{q}_k^{(k)} = \frac{\boldsymbol{p}_k^{(k)}}{b_{kk}}$$

(3) 更新 $\boldsymbol{z}(k)$，即

$$\boldsymbol{z}(k) = \frac{\boldsymbol{x}(k) - [b_{1k}\boldsymbol{z}(1) + b_{2k}\boldsymbol{z}(2) + \cdots + b_{k-1,k}\boldsymbol{z}(k-1)]}{b_{kk}}$$

(4) 更新权矢量，即

$$\boldsymbol{w}(k) = \boldsymbol{w}(k-1) - \boldsymbol{z}(k)\,\boldsymbol{z}^{\mathrm{H}}(k)\boldsymbol{a}_s$$

对于第 k 次迭代，步骤2 (2)的运算量为 $M(k-1)+(M+k/2)(k-1)+2(M+k)$，步骤2(3)的计算量为 Mk，步骤2(4)的计算量为 $2M$。因此，SQRD – MLSMI 算法第 k 次迭代更新自适应权需要的总运算量为 $3Mk+2M+k^2/2+3k/2$，

运算复杂度仅为 $O(Mk)$，大大提高了快拍数小于阵元数时自适应波束形成的运算速度，并且由于采用了基于 QR 分解的数据域运算结构，具有很好的数值稳定性。

6.2.3 计算机仿真分析

例 6.3 SQRD – MLSMI 算法和常规 LSMI 算法的性能比较。

设阵元数为 $M = 32$，其他条件同例 6.1。假设样本数据中不含期望信号，LSMI 算法中对角加载量设为 20dB，SQRD – MLSMI 算法中加载量初始值设为 30dB，对应第 k 次快拍时的加载量为 $30 - 10\lg k$(dB)。

图 6.7 画出了两种算法的阵增益损失随快拍次数变化的曲线，从图中可以看出，两种对角算法的性能基本上是一致的，都具有很快的收敛速度，在 $k > 5$ 时，阵增益损失已经降到了 3dB 以内。

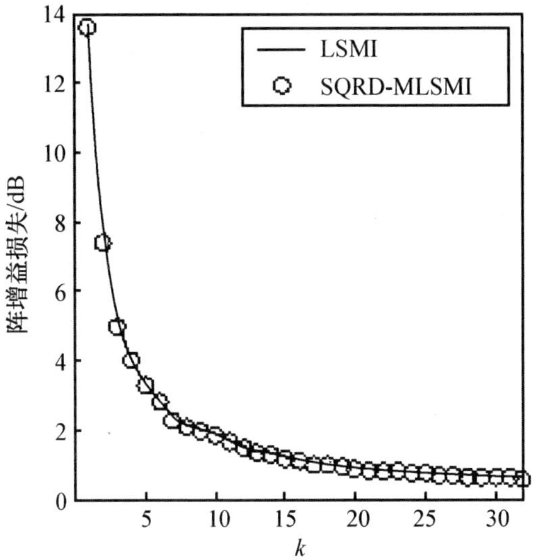

图 6.7 SQRD – MLSMI 算法的阵增益损失随快拍数变化曲线

观察 $k = 20$ 时两种算法的波束图如图 6.8 所示。可以看出，两种对角加载算法都在干扰处形成了较深的零陷，旁瓣水平也基本相同。

从仿真中可以看出，在样本数据中不含期望信号时，在 $k < M$ 时就可以获得较高的阵增益。在高动态环境中，由于可以利用的快拍数有限，积累过多的快拍会造成数据的失配，在快拍数 $k < M$ 时，利用 SQRD – MLSMI 算法可以大大提高运算速度，实现权矢量的实时更新。

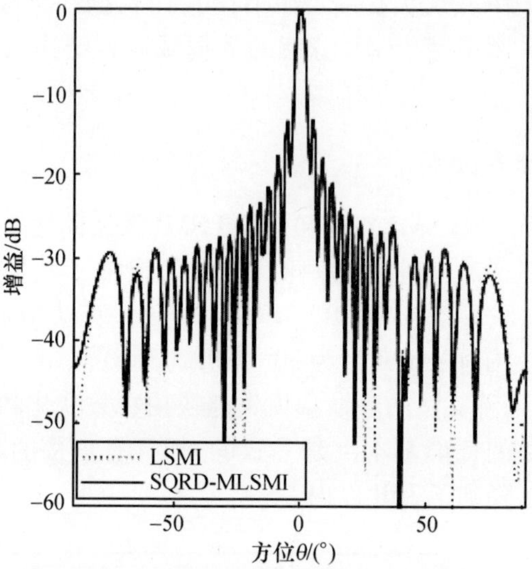

图 6.8 SQRD - MLSMI 算法的波束图

6.3 固定样本数目的递推算法

上述递推算法都是在样本数不断积累的情况下得出的,但实际上样本数不可能无限积累,假设可以利用的快拍样本数为 K,则在每积累 K 次样本后,由于不能继续积累,需要重新从 $k=1$ 开始计算,这降低了样本数据的利用率。实际中比较常用的数据更新方式是滑窗方式,即每增加一个新样本的同时删除一个旧样本,保持所用样本数目不变。实现滑窗 QRD 的方法主要有两种:一种是采用两步 Givens 旋转[151],这种方法引入了不必要的重复步骤,减低了运算效率[152];另一种是采用双曲 Householder 变换[153]。本节将研究基于双曲 Householder 变换的固定样本数目的递推 QRD 算法。

6.3.1 固定样本数目的递推 QRD 算法

固定样本数目的数据更新方式可以表示为

$$\begin{cases} \boldsymbol{X}_n = [x(n-K),\cdots,x(n-1),x(n)] \\ \boldsymbol{R}_x = \boldsymbol{X}_n\boldsymbol{X}_n^{\mathrm{H}}/K \\ \boldsymbol{X}_n\boldsymbol{X}_n^{\mathrm{H}} = \boldsymbol{X}_{n-1}\boldsymbol{X}_{n-1}^{\mathrm{H}} + \boldsymbol{x}(n)\,\boldsymbol{x}^{\mathrm{H}}(n) - \boldsymbol{x}(n-K)\,\boldsymbol{x}^{\mathrm{H}}(n-K) \end{cases} \tag{6.51}$$

在 $n>K\geqslant M$ 时,设在 $n-1$ 时刻已经实现了对 $\boldsymbol{X}_{n-1}^{\mathrm{H}}$ 的 QR 分解,即

$$\boldsymbol{Q}_{n-1}\boldsymbol{X}_{n-1}^{\mathrm{H}} = \begin{bmatrix} \boldsymbol{A}_{n-1} \\ \boldsymbol{0} \end{bmatrix} \tag{6.52}$$

则有 $\boldsymbol{X}_{n-1}\boldsymbol{X}_{n-1}^{\mathrm{H}} = \boldsymbol{A}_{n-1}^{\mathrm{H}}\boldsymbol{A}_{n-1}$，因此可得

$$\boldsymbol{X}_n\boldsymbol{X}_n^{\mathrm{H}} = \boldsymbol{A}_{n-1}^{\mathrm{H}}\boldsymbol{A}_{n-1} + \boldsymbol{x}(n)\,\boldsymbol{x}^{\mathrm{H}}(n) - \boldsymbol{x}(n-K)\,\boldsymbol{x}^{\mathrm{H}}(n-K) \tag{6.53}$$

令 $\tilde{\boldsymbol{X}}_n = [\boldsymbol{A}_{n-1}^{\mathrm{H}} \quad \boldsymbol{x}(n) \quad \boldsymbol{x}(n-K)]$，$\boldsymbol{\Phi} = \begin{bmatrix} \boldsymbol{I}_M & \boldsymbol{0} & \boldsymbol{0} \\ \boldsymbol{0} & \boldsymbol{1} & \boldsymbol{0} \\ \boldsymbol{0} & \boldsymbol{0} & -\boldsymbol{1} \end{bmatrix}$，$\tilde{\boldsymbol{X}}_n$ 和 $\boldsymbol{\Phi}$ 的维数分别为 $M \times (M+2)$ 维和 $(M+2) \times (M+2)$ 维，则有

$$\boldsymbol{X}_n\boldsymbol{X}_n^{\mathrm{H}} = \tilde{\boldsymbol{X}}_n\boldsymbol{\Phi}\tilde{\boldsymbol{X}}_n^{\mathrm{H}} \tag{6.54}$$

若存在一个变换矩阵 $\tilde{\boldsymbol{Q}}_n$，满足

$$\begin{cases} \tilde{\boldsymbol{Q}}_n\tilde{\boldsymbol{X}}_n^{\mathrm{H}} = \begin{bmatrix} \boldsymbol{A}_n \\ \boldsymbol{0} \end{bmatrix} \\ \tilde{\boldsymbol{Q}}_n^{\mathrm{H}}\boldsymbol{\Phi}\tilde{\boldsymbol{Q}}_n^{\mathrm{H}} = \boldsymbol{\Phi} \end{cases} \tag{6.55}$$

由于 $\boldsymbol{A}_n$ 为 $M \times M$ 维，就可以得到

$$\boldsymbol{X}_n\boldsymbol{X}_n^{\mathrm{H}} = \tilde{\boldsymbol{X}}_n\boldsymbol{\Phi}\tilde{\boldsymbol{X}}_n^{\mathrm{H}} = \tilde{\boldsymbol{X}}_n\tilde{\boldsymbol{Q}}_n^{\mathrm{H}}\boldsymbol{\Phi}\tilde{\boldsymbol{Q}}_n\tilde{\boldsymbol{X}}_n^{\mathrm{H}} = [\boldsymbol{A}_n^{\mathrm{H}} \quad \boldsymbol{0}]\begin{bmatrix} \boldsymbol{I}_M & \boldsymbol{0} & \boldsymbol{0} \\ \boldsymbol{0} & \boldsymbol{1} & \boldsymbol{0} \\ \boldsymbol{0} & \boldsymbol{0} & -\boldsymbol{1} \end{bmatrix}\begin{bmatrix} \boldsymbol{A}_n \\ \boldsymbol{0} \end{bmatrix} = \boldsymbol{A}_n^{\mathrm{H}}\boldsymbol{A}_n \tag{6.56}$$

可见，$\boldsymbol{A}_n$ 即对应 $\boldsymbol{X}_n^{\mathrm{H}}$ 的上三角形式，这样就利用 $\boldsymbol{A}_{n-1}$ 递推地计算出了 $\boldsymbol{A}_n$。可见，问题的关键在于寻找满足式(6.55)的变换矩阵 $\tilde{\boldsymbol{Q}}_n$。考虑到双曲 Householder 变换满足式(6.55)的条件[154]，所以通过一系列的双曲 Householder 变换来构造矩阵 $\tilde{\boldsymbol{Q}}_n$，即

$$\begin{cases} \tilde{\boldsymbol{X}}_n^{(1)} = \boldsymbol{H}_1\tilde{\boldsymbol{X}}_n^{\mathrm{H}} \\ \tilde{\boldsymbol{X}}_n^{(2)} = \boldsymbol{H}_2\tilde{\boldsymbol{X}}_n^{(1)} = \boldsymbol{H}_2\boldsymbol{H}_1\tilde{\boldsymbol{X}}_n^{\mathrm{H}} \\ \quad\vdots \\ \tilde{\boldsymbol{X}}_n^{(M)} = \boldsymbol{H}_M\tilde{\boldsymbol{X}}_n^{(M-1)} = \boldsymbol{H}_M\cdots\boldsymbol{H}_2\boldsymbol{H}_1\tilde{\boldsymbol{X}}_n^{\mathrm{H}} \end{cases} \tag{6.57}$$

式中：$\boldsymbol{H}_1, \boldsymbol{H}_2, \cdots, \boldsymbol{H}_M$ 都为 $(M+2) \times (M+2)$ 维双曲 Householder 变换矩阵，$\boldsymbol{H}_1$ 把 $\tilde{\boldsymbol{X}}_n^{\mathrm{H}}$ 的第 1 列除第 1 个元素以外的元素消除，$\boldsymbol{H}_2$ 把 $\tilde{\boldsymbol{X}}_n^{(1)}$ 的第 2 列除前 2 个元

素以外的元素消除，而保持第1列不变，以此类推，$\boldsymbol{H}_i$ 把 $\tilde{\boldsymbol{X}}_n^{(i-1)}$ 的第 i 列的除前 i 个元素以外的元素消除，而保持其前 $i-1$ 列不变。这样得到的 $\tilde{\boldsymbol{X}}_n^{(M)}$ 就是所求的上三角矩阵，即

$$\begin{cases}\begin{bmatrix}\boldsymbol{A}_n \\ \boldsymbol{0}\end{bmatrix} = \tilde{\boldsymbol{X}}_n^{(M)} \\ \tilde{\boldsymbol{Q}}_n = \boldsymbol{H}_M \cdots \boldsymbol{H}_2 \boldsymbol{H}_1\end{cases} \tag{6.58}$$

而 $\boldsymbol{H}_i$ 可以表示为

$$\boldsymbol{H}_i = \begin{bmatrix}\boldsymbol{I}_{i-1} & \boldsymbol{0} \\ \boldsymbol{0} & \tilde{\boldsymbol{H}}_i\end{bmatrix} \tag{6.59}$$

$$\tilde{\boldsymbol{H}}_i = \boldsymbol{\Phi}_i - 2\boldsymbol{v}_i\boldsymbol{v}_i^{\mathrm{H}}/\boldsymbol{v}_i^{\mathrm{H}}\boldsymbol{\Phi}_i\boldsymbol{v}_i$$

式中：$\tilde{\boldsymbol{H}}_i$ 为 $L_i \times L_i\,(L_i = M + 3 - i)$ 维双曲 Householder 变换矩阵；$\boldsymbol{\Phi}_i = \begin{bmatrix}\boldsymbol{I}_{M-i+1} & \boldsymbol{0} & \boldsymbol{0} \\ \boldsymbol{0} & \boldsymbol{1} & \boldsymbol{0} \\ \boldsymbol{0} & \boldsymbol{0} & -\boldsymbol{1}\end{bmatrix}$；$\boldsymbol{v}_i = \boldsymbol{\Phi}_i\boldsymbol{u}_i + d_i\boldsymbol{e}_{1i}$，$\boldsymbol{u}_i$ 为 $\tilde{\boldsymbol{X}}_n^{(i-1)}$ 的第 i 列的除前 $i-1$ 个元素外的元素组成的 L_i 维列矢量，$d_i = \sqrt{\boldsymbol{u}_i^{\mathrm{H}}\boldsymbol{\Phi}_i\boldsymbol{u}_i}\,u_{i1}/\| u_{i1} \|$，$u_{i1}$ 为 $\boldsymbol{u}_i$ 的第1个元素，$\boldsymbol{e}_{1i}$ 表示第1个元素为1，其余为0的 L_i 维列矢量。

实际上，由 $\tilde{\boldsymbol{X}}_n^{\mathrm{H}} = \begin{bmatrix} a_{11} & \cdots & a_{1M} \\ 0 & \ddots & \\ 0 & \cdots & a_{MM} \\ & \boldsymbol{x}^{\mathrm{H}}(n) & \\ & \boldsymbol{x}^{\mathrm{H}}(n-K) & \end{bmatrix}$ 可知，$\boldsymbol{u}_i$ 中只有3个非零元素，分别为第1个 u_{i1} 和最后两个 u_{i,L_i-1}、u_{iL_i}，因此 $\tilde{\boldsymbol{H}}_i$ 只会对这3个元素对应的行进行变换，我们省略 $\tilde{\boldsymbol{H}}_i$ 变换时输出保持不变的行，将 $\boldsymbol{u}_i$ 简化为 $\boldsymbol{u}'_i = [u_{i1}, u_{i,L_i-1}, u_{iL_i}]^{\mathrm{T}}$，$\boldsymbol{\Phi}_i$ 简化为 $\boldsymbol{\varphi} = \begin{bmatrix}1 & 0 & 0 \\ 0 & 1 & 0 \\ 0 & 0 & -1\end{bmatrix}$，$\boldsymbol{e}_{1i}$ 简化为 $\boldsymbol{e}_1 = [1,0,0]^{\mathrm{T}}$，则有

$$\begin{cases} d'_i = \sqrt{(\boldsymbol{u}'_i)^{\mathrm{H}}\boldsymbol{\varphi}\boldsymbol{u}'_i}\,\boldsymbol{u}_{i1}/\| \boldsymbol{u}_{i1} \| = \sqrt{\boldsymbol{u}_i^{\mathrm{H}}\boldsymbol{\Phi}_i\boldsymbol{u}_i}\,\boldsymbol{u}_{i1}/\| \boldsymbol{u}_{i1} \| = d_i \\ v'_i = \boldsymbol{\varphi}\boldsymbol{u}'_i + d_i\boldsymbol{e}_1 = [v_{i1}, v_{i,L_i-1}, v_{iL_i}]^{\mathrm{T}} \end{cases} \tag{6.60}$$

可见，$\boldsymbol{v}_i'$ 即为 $\boldsymbol{v}_i$ 的 3 个非零元素组成的列矢量。令

$$\tilde{\boldsymbol{H}}_i' = \boldsymbol{\varphi} - 2\boldsymbol{v}_i'(\boldsymbol{v}_i')^{\mathrm{H}} / (\boldsymbol{v}_i')^{\mathrm{H}}\boldsymbol{\varphi}\boldsymbol{v}_i' \tag{6.61}$$

用 $\tilde{\boldsymbol{H}}_i'(s,t)$ 表示 $\tilde{\boldsymbol{H}}_i'$ 的第 (s,t) 个元素，则有

$$\tilde{\boldsymbol{H}}_i = \begin{bmatrix} \tilde{\boldsymbol{H}}_i'(1,1) & \boldsymbol{0} & \tilde{\boldsymbol{H}}_i'(1,2) & \tilde{\boldsymbol{H}}_i'(1,3) \\ \boldsymbol{0} & \boldsymbol{I}_{L_i-3} & \boldsymbol{0} & \boldsymbol{0} \\ \tilde{\boldsymbol{H}}_i'(2,1) & \boldsymbol{0} & \tilde{\boldsymbol{H}}_i'(2,2) & \tilde{\boldsymbol{H}}_i'(2,3) \\ \tilde{\boldsymbol{H}}_i'(3,1) & \boldsymbol{0} & \tilde{\boldsymbol{H}}_i'(3,2) & \tilde{\boldsymbol{H}}_i'(3,3) \end{bmatrix} \tag{6.62}$$

这样就把双曲 Householder 变换的问题由 $L_i \times L_i$ 维降为 3×3 维，大大降低了上三角矩阵 $\boldsymbol{A}_n$ 更新的计算量。

我们把这种固定样本数目的 QR 分解 SMI 算法简记为 QRD－MSMI(QR Decomposition Multiple Sample Matrix Inverse)算法，其实现步骤总结如下。

步骤 1：初始化。初始化状态是在积累够 K 个样本数据时，对 $\boldsymbol{X}_K^{\mathrm{H}}$ 进行 QR 分解得到上三角矩阵 $\boldsymbol{A}_K$，$\boldsymbol{A}_K$ 可以采用 6.1.1 节的 QRD－SMI 算法递推得到。

步骤 2：$n = K+1, K+2, \cdots$。

(1) 更新上三角矩阵 $\boldsymbol{A}_n$：设 $\tilde{\boldsymbol{X}}_n^{(0)} = \tilde{\boldsymbol{X}}_n^{\mathrm{H}}$，在 $i=1,2,\cdots,M$ 时，利用式(6.60)和式(6.61)得出 $\tilde{\boldsymbol{H}}_i$，将 $\tilde{\boldsymbol{X}}_n^{(i-1)}$ 变为 $\tilde{\boldsymbol{X}}_n^{(i)}$，得出的 $\tilde{\boldsymbol{X}}_n^{(M)}$ 即为上三角阵 $\begin{bmatrix} \boldsymbol{A}_n \\ \boldsymbol{0} \end{bmatrix}$。

(2) 前向代入求解下三角方程 $\boldsymbol{A}_n^{\mathrm{H}}\boldsymbol{v}_n = \boldsymbol{a}_s$，得到中间矢量 $\boldsymbol{v}_n$。

(3) 后向代入求解上三角方程 $\boldsymbol{A}_n\boldsymbol{w}_n = \boldsymbol{v}_n$，得到中间矢量 $\boldsymbol{w}_n$。

对于第 n 次迭代，步骤 2(1)中求解 $\tilde{\boldsymbol{H}}_i'$ 需要 12 次复乘，用 $\tilde{\boldsymbol{H}}_i'$ 对数据进行变换的需要大约 $9(M-i+1)$，因此，更新上三角阵 $\boldsymbol{A}_n$ 的总计算量约为 $4.5M^2 + 16.5M$；步骤 2(2)和步骤 2(3)中求解三角方程的总计算量为 $M(M-1)$，这样每次更新自适应权的运算量为 $5.5M^2 + 15.5M$，低于矩阵求逆的运算量。由于不需要显示计算采样协方差矩阵，数值特性远优于常规 SMI 算法。

6.3.2 固定样本数目的递推 IQRD 算法

为了避免 QRD－MSMI 算法中的前后向回代运算，我们对算法做进一步改进，利用逆 QR 分解的思想，将自适应权的求解问题转换为中间变量 $\boldsymbol{v}_n$ 和下三角矩阵 $\boldsymbol{A}_n^{-\mathrm{H}}$ 的更新问题，即

$$\begin{cases} \boldsymbol{v}_n = \boldsymbol{A}_n^{-\mathrm{H}} \boldsymbol{a}_s \\ \boldsymbol{w}_n^{\mathrm{H}} = \boldsymbol{v}_n^{\mathrm{H}} \boldsymbol{A}_n^{-\mathrm{H}} \end{cases} \tag{6.63}$$

在 n 时刻,上三角阵 $\boldsymbol{A}_n$ 从如下公式得到,即

$$\tilde{\boldsymbol{Q}}_n \tilde{\boldsymbol{X}}_n^{\mathrm{H}} = \tilde{\boldsymbol{Q}}_n \begin{bmatrix} \boldsymbol{A}_{n-1} \\ \boldsymbol{x}^{\mathrm{H}}(n) \\ \boldsymbol{x}^{\mathrm{H}}(n-K) \end{bmatrix} = \begin{bmatrix} \boldsymbol{A}_n \\ \boldsymbol{0} \end{bmatrix} \tag{6.64}$$

由于中间矢量 $\boldsymbol{v}_n$ 满足

$$\boldsymbol{A}_n^{\mathrm{H}} \boldsymbol{v}_n = \boldsymbol{A}_{n-1}^{\mathrm{H}} \boldsymbol{v}_{n-1} = \boldsymbol{a}_s \tag{6.65}$$

而 $\boldsymbol{A}_n^{\mathrm{H}} \boldsymbol{v}_n$ 、$\boldsymbol{A}_{n-1}^{\mathrm{H}} \boldsymbol{v}_{n-1}$ 又可以分别表示为

$$\begin{cases} \boldsymbol{A}_n^{\mathrm{H}} \boldsymbol{v}_n = [\boldsymbol{A}_n^{\mathrm{H}} \quad \boldsymbol{0}] \begin{bmatrix} \boldsymbol{v}_n \\ \# \end{bmatrix} \\ \boldsymbol{A}_{n-1}^{\mathrm{H}} \boldsymbol{v}_{n-1} = [\boldsymbol{A}_{n-1}^{\mathrm{H}} \quad \boldsymbol{x}(n) \quad \boldsymbol{x}(n-K)] \boldsymbol{\Phi} \begin{bmatrix} \boldsymbol{v}_{n-1} \\ \boldsymbol{0} \end{bmatrix} = \tilde{\boldsymbol{X}}_n \tilde{\boldsymbol{Q}}_n^{\mathrm{H}} \boldsymbol{\Phi} \tilde{\boldsymbol{Q}}_n \begin{bmatrix} \boldsymbol{v}_{n-1} \\ \boldsymbol{0} \end{bmatrix} \\ \qquad = [\boldsymbol{A}_n^{\mathrm{H}} \quad \boldsymbol{0}] \boldsymbol{\Phi} \tilde{\boldsymbol{Q}}_n \begin{bmatrix} \boldsymbol{v}_{n-1} \\ \boldsymbol{0} \end{bmatrix} \end{cases} \tag{6.66}$$

式中:# 表示我们不关心的部分。因此,可得

$$\boldsymbol{\Phi} \tilde{\boldsymbol{Q}}_n \begin{bmatrix} \boldsymbol{v}_{n-1} \\ \boldsymbol{0} \end{bmatrix} = \begin{bmatrix} \boldsymbol{v}_n \\ \# \end{bmatrix} \tag{6.67}$$

由于 $\boldsymbol{\Phi}^{-1} = \boldsymbol{\Phi}$, 对式(6.67)左右两边同乘以 $\boldsymbol{\Phi}^{-1}$ 得

$$\tilde{\boldsymbol{Q}}_n \begin{bmatrix} \boldsymbol{v}_{n-1} \\ \boldsymbol{0} \end{bmatrix} = \boldsymbol{\Phi} \begin{bmatrix} \boldsymbol{v}_n \\ \# \end{bmatrix} = \begin{bmatrix} \boldsymbol{I}_M & \boldsymbol{0} & \boldsymbol{0} \\ \boldsymbol{0} & 1 & \boldsymbol{0} \\ \boldsymbol{0} & \boldsymbol{0} & -1 \end{bmatrix} \begin{bmatrix} \boldsymbol{v}_n \\ \# \end{bmatrix} = \begin{bmatrix} \boldsymbol{v}_n \\ \# \end{bmatrix} \tag{6.68}$$

这样就利用 $\tilde{\boldsymbol{Q}}_n$ 实现了 $\boldsymbol{v}_n$ 的更新,而对于下三角矩阵 $\boldsymbol{A}_n^{-\mathrm{H}}$, 由于其满足

$$\boldsymbol{A}_n^{\mathrm{H}} \boldsymbol{A}_n^{-\mathrm{H}} = \boldsymbol{A}_{n-1}^{\mathrm{H}} \boldsymbol{A}_{n-1}^{-\mathrm{H}} = \boldsymbol{I}_M \tag{6.69}$$

而 $\boldsymbol{A}_n^{\mathrm{H}} \boldsymbol{A}_n^{-\mathrm{H}}$ 、$\boldsymbol{A}_{n-1}^{\mathrm{H}} \boldsymbol{A}_{n-1}^{-\mathrm{H}}$ 又可以分别表示为

$$\begin{cases} \boldsymbol{A}_n^{\mathrm{H}} \boldsymbol{A}_n^{-\mathrm{H}} = [\boldsymbol{A}_n^{\mathrm{H}} \quad \boldsymbol{0}] \begin{bmatrix} \boldsymbol{A}_n^{-\mathrm{H}} \\ \# \end{bmatrix} \\ \boldsymbol{A}_{n-1}^{\mathrm{H}} \boldsymbol{A}_{n-1}^{-\mathrm{H}} = [\boldsymbol{A}_{n-1}^{\mathrm{H}} \quad \boldsymbol{x}(n) \quad \boldsymbol{x}(n-K)] \boldsymbol{\Phi} \begin{bmatrix} \boldsymbol{A}_{n-1}^{-\mathrm{H}} \\ \boldsymbol{0} \end{bmatrix} = [\boldsymbol{A}_n^{\mathrm{H}} \quad \boldsymbol{0}] \boldsymbol{\Phi} \tilde{\boldsymbol{Q}}_n \begin{bmatrix} \boldsymbol{A}_{n-1}^{-\mathrm{H}} \\ \boldsymbol{0} \end{bmatrix} \end{cases} \tag{6.70}$$

因此,可得

$$\boldsymbol{\Phi}\tilde{\boldsymbol{Q}}_n\begin{bmatrix}\boldsymbol{A}_{n-1}^{-\mathrm{H}}\\ \boldsymbol{0}\end{bmatrix}=\begin{bmatrix}\boldsymbol{A}_n^{-\mathrm{H}}\\ \#\end{bmatrix} \tag{6.71}$$

将上式左右两边同乘以 $\boldsymbol{\Phi}^{-1}$,有

$$\tilde{\boldsymbol{Q}}_n\begin{bmatrix}\boldsymbol{A}_{n-1}^{-\mathrm{H}}\\ \boldsymbol{0}\end{bmatrix}=\boldsymbol{\Phi}\begin{bmatrix}\boldsymbol{A}_n^{-\mathrm{H}}\\ \#\end{bmatrix}=\begin{bmatrix}\boldsymbol{A}_n^{-\mathrm{H}}\\ \#\end{bmatrix} \tag{6.72}$$

综合式(6.55)、式(6.68)和式(6.72)可以看出,当用 $\tilde{\boldsymbol{Q}}_n$ 把 $\boldsymbol{A}_{n-1}$ 更新为 $\boldsymbol{A}_n$ 时,相同的变换矩阵可以同时将 $\boldsymbol{v}_{n-1}$ 和下三角矩阵 $\boldsymbol{A}_{n-1}^{-\mathrm{H}}$ 更新为 $\boldsymbol{v}_n$ 和 $\boldsymbol{A}_n^{-\mathrm{H}}$。在得到了 $\boldsymbol{v}_n$ 和 $\boldsymbol{A}_n^{-\mathrm{H}}$ 以后,就可以利用式(6.63)求出 $\boldsymbol{w}_n$。

我们把这种固定样本数目的逆 QR 分解 SMI 算法记为 IQRD - MSMI(Inverse QR Decomposition Multiple Sample Matrix Inverse)算法,其递推实现步骤如下。

步骤 1:初始化。初始化状态是在积累够 K 个样本数据时,对应中间矢量 $\boldsymbol{v}_K$ 和下三角矩阵 $\boldsymbol{A}_K^{-\mathrm{H}}$,$\boldsymbol{v}_K$ 和 $\boldsymbol{A}_K^{-\mathrm{H}}$ 可以采用 6.1.2 节的 IQRD - SMI 算法递推得到。

步骤 2:$n=K+1,K+2,\cdots$。

(1) 计算组成 $\tilde{\boldsymbol{Q}}_n$ 的一系列变换矩阵 $\boldsymbol{H}_1,\cdots,\boldsymbol{H}_M$。

(2) 利用步骤 2(1)确定的 $\boldsymbol{H}_1,\cdots,\boldsymbol{H}_M$ 更新得到中间矢量 $\boldsymbol{v}_n$ 和下三角矩阵 $\boldsymbol{A}_n^{-\mathrm{H}}$,即

$$\boldsymbol{H}_M\cdots\boldsymbol{H}_2\boldsymbol{H}_1\begin{bmatrix}\boldsymbol{A}_{n-1}^{-\mathrm{H}} & \boldsymbol{v}_{n-1}\\ \boldsymbol{0} & \boldsymbol{0}\end{bmatrix}=\begin{bmatrix}\boldsymbol{A}_n^{-\mathrm{H}} & \boldsymbol{v}_n\\ \# & \#\end{bmatrix}$$

(3) 更新自适应权:$\boldsymbol{w}_n=(\boldsymbol{A}_n^{-\mathrm{H}}\boldsymbol{v}_n^{\mathrm{H}})^{\mathrm{H}}=(\boldsymbol{A}_n^{-\mathrm{H}})^{\mathrm{H}}\boldsymbol{v}_n$。

步骤 2(1)中求解 $\boldsymbol{H}_1,\cdots,\boldsymbol{H}_M$ 的过程也就是对 $\boldsymbol{A}_n$ 进行更新的过程,与 QRD - MSMI 算法相比,增加了对 $\boldsymbol{A}_n^{-\mathrm{H}}$ 和 $\boldsymbol{v}_n$ 的更新过程,可见,IQRD - MSMI 算法相对于 QRD - MSMI 算法在运算量上没有优势。但是,由于对 $\boldsymbol{A}_n^{-\mathrm{H}}$ 和 $\boldsymbol{v}_n$ 更新和对 $\boldsymbol{A}_n$ 的更新可以同时进行,与只更新 $\boldsymbol{A}_n$ 具有相当的运算速度,而步骤 2(3)中的矩阵乘法不但运算量小于前后向回代,而且可以采用并行运算,速度比前后向回代快很多,因此,IQRD - MSMI 算法具有更好的并行性、更快的运算速度,更有利于系统的实时实现。

6.3.3 对角加载的处理

为了提高算法的稳健性,我们对 IQRD - MSMI 算法进行对角加载处理,记为 IQRD - MLSMI 算法。由于数据更新阶段的总样本数 K 是固定的,因此采用固定的对角加载量,即

$$\boldsymbol{R}_{\mathrm{L}} = \boldsymbol{R}_x + \sigma^2\boldsymbol{I} = \frac{1}{K}\boldsymbol{X}_n\boldsymbol{X}_n^{\mathrm{H}} + \sigma^2\boldsymbol{I} = \frac{1}{K}[\sqrt{K}\sigma\boldsymbol{I} \quad \boldsymbol{X}_n]\begin{bmatrix}\sqrt{K}\sigma\boldsymbol{I} \\ \boldsymbol{X}_n^{\mathrm{H}}\end{bmatrix} \tag{6.73}$$

令 $\boldsymbol{Y}_n = [\sqrt{K}\sigma\boldsymbol{I} \quad \boldsymbol{X}_n]$，则有

$$\boldsymbol{R}_{\mathrm{L}} = \frac{1}{K}\boldsymbol{Y}_n\boldsymbol{Y}_n^{\mathrm{H}} \tag{6.74}$$

设在 $n-1$ 时刻已经实现了对 $\boldsymbol{Y}_{n-1}^{\mathrm{H}}$ 的 QR 分解，即

$$\boldsymbol{Q}_{n-1}\boldsymbol{Y}_{n-1}^{\mathrm{H}} = \begin{bmatrix}\boldsymbol{B}_{n-1} \\ \boldsymbol{0}\end{bmatrix} \tag{6.75}$$

则有 $\boldsymbol{Y}_{n-1}\boldsymbol{Y}_{n-1}^{\mathrm{H}} = \boldsymbol{B}_{n-1}^{\mathrm{H}}\boldsymbol{B}_{n-1}$，因此可得

$$\boldsymbol{Y}_n\boldsymbol{Y}_n^{\mathrm{H}} = \boldsymbol{B}_{n-1}^{\mathrm{H}}\boldsymbol{B}_{n-1} + \boldsymbol{x}(n)\boldsymbol{x}^{\mathrm{H}}(n) - \boldsymbol{x}(n-K)\boldsymbol{x}^{\mathrm{H}}(n-K) \tag{6.76}$$

式(6.76)与式(6.53)具有完全相同的形式，可以利用同 IQRD－MSMI 算法相同的步骤更新权向量。由于进行了对角加载，IQRD－MLSMI 算法也适用于 $K<M$ 的情况。

6.3.4 计算机仿真

由于 QRD－MSMI 算法和 IQRD－MSMI 算法在原理上是相同的，其波束形成的性能也相同，只是实现方法的不同，后者的实现方式具有更好的并行性和更快的运算速度，因此，工程中可以采用 IQRD－MSMI 算法。这里只对 IQRD－MSMI 算法和 IQRD－MLSMI 算法的性能进行仿真。

例 6.4　IQRD－MSMI、IQRD－MLSMI 算法的性能。

考虑有限样本数目的实际应用环境，可以利用的有效样本数为 K，其余仿真条件同例 6.1。在样本数据中含期望信号取 $K=100$，对角加载量取 20dB，在样本数据中不含期望信号时取 $K=20$，对角加载量取 10dB。

观察几种算法的性能随迭代次数 n 变化的曲线如图 6.9，有效样本数分别取 $K=20$、$K=100$。可以看出，IQRD－SMI 算法在每次积累够 K 个样本后重新开始积累，其阵增益随迭代次数呈周期性变化，最优性能在每次正好积累到 K 个样本时获得，而 IQRD－MSMI 算法和 IQRD－MLSMI 算法在 $n \geqslant K$ 时阵增益基本保持不变，其中前者的阵增益与 IQRD－SMI 的最优情况相等，而后者的阵增益比 IQRD－SMI 的最优情况还要大。可见两种固定样本数目的算法的阵增益损失远小于常规算法，其中 IQRD－MLSMI 算法最小。随着有效样本数 K 的增多，几种算法的阵增益损失逐渐减小，其中 IQRD－MSMI 算法最为明显，这是由于小特征值分散程度变小，加载量的作用相对变弱，因此 IQRD－MSMI 算法在 $n \geqslant K$ 时的性能越来越接近于 IQRD－MSMI 算法。

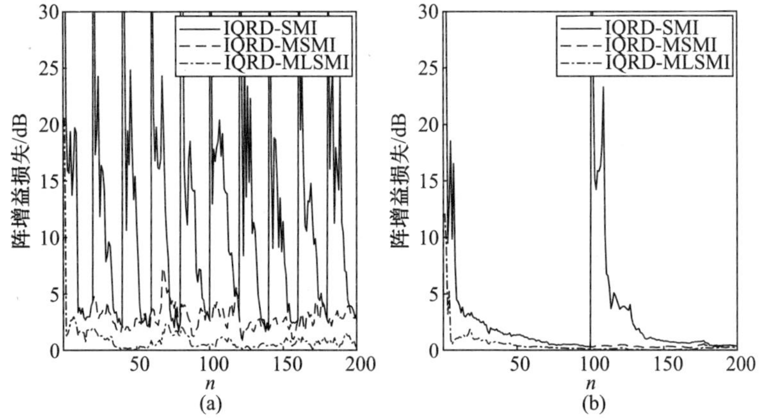

图 6.9 几种算法的性能随迭代次数变化曲线

(a)$K=20$；(b)$K=100$。

设 $K=100$，观察不同迭代次数 n 时几种算法的波束图如图 6.10 所示。可以看出，在 $n=100$ 时，由于所用的样本数都为 100，IQRD－SMI 算法和 IQRD－MLSMI 算法的波束形状一致，而 IQRD－MLSMI 算法的旁瓣水平较前两种方法有所改善；在 $n=120$ 时，IQRD－SMI 利用的样本数仅为 20，而其他两种方法所用的样本数仍为 100，因此，IQRD－SMI 算法的波束性能最差，IQRD－MSMI 算法、IQRD－MLSMI 算法对其改善非常明显，其中又以后者更优。比较图 6.10(a)、(b)中固定样本数目方法在不同迭代次数时的波束，可以看出，在 $n=100$ 和 $n=120$ 时，由于采用的样本数据不同，波束形状不完全相同，但由于样本数目相同，其旁瓣水平相当，波束性能没有明显差别。

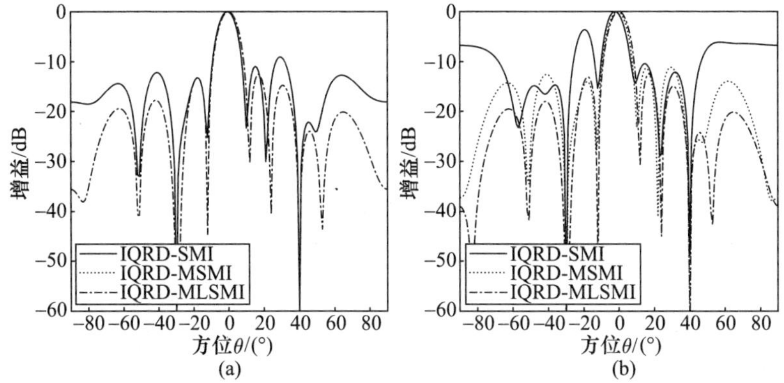

图 6.10 不同迭代次数时几种算法的波束图

(a)$n=100$；(b)$n=120$。

从仿真中可以看出，在有限样本数目的实际应用环境下，固定样本数目的方法与样本积累模式的递推 QR 算法相比，具有更高的阵增益和更好的波束性能。在选择了可以利用的快拍数 K 以后，利用 IQRD－MLSMI 算法实时更新自适应权，具有运算速度快、数值稳定性好的优点，更适于高动态的应用环境。

参考文献

[1] 颜至悦. 星载智能天线设计研究[D]. 中国科学院研究生院（空间科学与应用研究中心）:2015:1 -7.

[2] 吴清海,何飞勇. 船载智能天线通信系统中干扰抑制技术[J]. 舰船科学技术,2019(10):50.

[3] 卿剑. 无线通信抗干扰技术的思考与探索[J]. 信息通信,2019(8):121 -122.

[4] Qing H,Liu Y,Xie G. Smart antenna - assisted spectrum sensing for robust detection in cognitive radio networks[J]. International Journal of Communication Systems,2016,29(15):2192 -2204.

[5] Li T,Zhang F,Zhang F,et al. Wideband and high - gain uniform circular array with calibration element for smart antenna application[J]. IEEE Antennas and Wireless Propagation Letters,2015,15:230 -233.

[6] 张庚. 多干扰下基于 DBF 的飞行器跟踪[D]. 重庆:重庆大学通信工程学院,2007(4):3 -5.

[7] 徐立勤,彭涛. 智能天线的新军——自组构天线[J]. 电波科学学报,2016,31(1):199 -203.

[8] 林辉. 智能天线技术的发展与应用[J]. 无线电技术与信息,2006(11):54 -57.

[9] Youn H S,Yun Z Q,Celik N. Antenna arrays technologies for advanced wireless systems[C]. IEEE International Conference on Microwaves,Communications,Antennas and Electronics Systems,2009.

[10] Maillox Robert J. 相控阵天线手册[M]. 第 2 版. 南京电子技术研究所,译. 北京:电子工业出版社,2007(1):2 -8

[11] 李建军,甄浩川,于斌. 一种 S 频段卫星通信自适应抗干扰阵列天线[J]. 天津市电子工业协会 2019 年年会论文集,2019.

[12] 舒汀,陈新竹,余敞波,等. 子阵级数字波束形成抗多主副瓣干扰及测角技术[J]. 现代雷达,2016,38(12):22 -26.

[13] 李朝海,王雨,张伟,等. 波束合成通信抗干扰算法研究[J]. Journal of Signal Processing,2016,32(2).

[14] 张克声. 智能天线数字波束形成技术研究[D]. 武汉:华中科技大学,2006. 12:22.

[15] Bellofiore J F,Balanis C A,Spanias A. Smart antennas for wireless communications[C]. Antennas and Propagation Society International Symposium,2001(4):26 -39.

[16] 雷万明,许道宝,余慧,等. 距离向 DBF - SAR 自适应 SCORE 处理研究[J]. 现代雷达,2019(9):9.

[17] Ding W,Zhu Y,Zhang B,et al. A GPS receiver adaptive digital beamforming interference suppression algorithm based on Kalman filter[J]. Chinese Journal of Electronics,2013,22(2):433 -436.

[18] 王雪. 车载 S 波段圆极化天线研究与设计[D]. 电子科技大学,2020:1 -5.

[19] 陈修继,万继响. 通信卫星多波束天线的发展现状及建议[J]. 空间电子技术,2016(2):54 -60.

[20] 尚勇. 星载多波束相控阵天线设计与综合优化技术研究宰[J]. 遥测遥控,2012,33(4).

[21] 刘严静. LEO 卫星移动通信系统中接入若干技术的仿真研究[D]. 电子科技大学,2005:1 -6.

[22] 白照广. 中国现代小卫星发展成就与展望[J]. 航天器工程,2019,28(2):1 -8.

[23] Babuscia A,Cheung K,Divsalar D,et al. Development of cooperative communication techniques for a network of small satellites and CubeSats in deep space:the SOLARA/SARA test case[J]. Acta Astronautica,2015,115:349 -355.

[24] 曾浩. 多目标测控中基于波达方向估计的自适应数字波束合成研究[D]. 重庆:重庆大学,2006(6):1-5.

[25] 汤湘伟,王红敏,曹振新. 用于卫星导航接收终端的抗干扰阵列天线[J]. 微波学报,2014 (S1):338-340.

[26] 连小华,周建江. 应用于微型飞行器阵列天线的自适应波束形成器[J]. 南京航空航天大学学报,2006(03):326-330.

[27] Ni S,Cui J,Cheng N,et al. Detection and elimination method for deception jamming based on an antenna array[J]. International Journal of Distributed Sensor Networks,2018,14(5):1-9.

[28] Zhang X,Su D L. Digital processing system for digital beam forming antenna[C]. IEEE International Symposium on Microwave, Antenna, Propagation and EMC Technologies for Wireless Communications, 2005 (8):173-175.

[29] 贺勋,周围. 智能天线波束形成技术[J]. 电信快报,2009(2):29-31.

[30] Daryoush A S. Digitally beamformed multibeam phased array antennas for future communication satellites [C]. Radio and Wireless Symposium,2008(1):831-834.

[31] 鄢社风,马良远. 传感器阵列波束优化设计及应用[M]. 北京:科学出版社,2009:2-4.

[32] Wax M,Sheinvald J. Direction finding of coherent signals via spatial smooting for uniform circular arrays [J]. IEEE Trans. Antenna and Propagation,1994,42(5):613-619.

[33] Friedlander B. The root-music algotithm for direction finding with interpolated arrays[J]. Signal Processing,1993,30:15-29.

[34] Biihren M,Pesavento M,Böhme J F. A new approach to array interpolation by generation of artificial shift invariances:Interpolated ESPRIT[C]. IEEE Proc. on Acoustics,Speech,and Signal Processing,2003,5(4):205-208.

[35] Biihren M,Pesavento M,Böhme J F. Virtual array design for array interpolation using differential geometry [C]. IEEE Proc. on Acoustics,Speech,and Signal Processing,2004,2(5):229-232.

[36] Hyberg P,Jansson M,Ottersten B. Array interpolation and bias reduction[J]. Signal Processing,2004. 52 (10):2711-2720.

[37] Kim Y S,Kim Y S,Kang H R. A new covariance matrix estimation method for resolution enhancement via virtual expansion[C]. IEEE Proc. on Signal Processing,2000,8(1):189-192.

[38] Belloni F,Richter A,Koivunen V. Extension of root-MUSIC to non-ULA array configurations[C]. IEEE Proc. on Acoustics,Speech,and Signal Processing,2006,6(5):897-900.

[39] 王雅婧. 基于均匀圆阵的信源数估计和测向算法研究[D]. 西安:西安电子科技大学,2017:39-54.

[40] 禹平石,蔡志明,唐劲松. 扇区内插法设计虚拟均匀线列阵的研究[J]. 海军工程大学学报,2005,17 (1):16-19,31.

[41] Su B W,Wang Y L,Zhou L Z. Robust adaptive beamforming via virtual array transformation[C]. IEEE Antennas and Propagation Society (AP-S) International Symposium,2005,1B(7):331-334.

[42] Dogan M C,Mendel J M. Applications of cumulants to array proeessing-partl:aperture extension and array calibration[J]. IEEE Trans. on Signal Processing,1995. 5,43:1200-1216.

[43] 陈建,王树勋. 基于高阶累积量虚拟阵列扩展的 DOA 估计[J]. 电子与信息学报,2007,29(5):1041-1044.

[44] Tayem N,Kwon H M. Conjugate ESPRIT[J]. IEEE Trans. on Antennas and Propagation,2004,52(10):

2618 - 2624.
[45] 刘志刚,汪晋宽,王福利. 虚拟空间平滑算法[J]. 电子学报,2007,35 (9):1762 - 1765.
[46] 郑春弟,周袜,冯大政. 虚拟阵列实 ESPRIT[J]. 信号处理. 2007,23(2):217 - 221.
[47] Mahata K,Sodemtrom T. ESPRIT - like estimation of rea1 valued sinusoidal frequencies[J]. IEEE Trans. on Signal Processing,2004,52(5):1161 - 1170.
[48] Candes E J,Romberg J K,Tao T. Stable signal recovery from incomplete and inaccurate measurements[J]. Communications on Pure and Applied Mathematics:A Journal Issued by the Courant Institute of Mathematical Sciences,2006,59(8):1207 - 1223.
[49] Candès E J,Romberg J,Tao T. Robust uncertainty principles:Exact signal reconstruction from highly incomplete frequency information[J]. IEEE Transactions on information theory,2006,52(2):489 - 509.
[50] Lan Y. Virtual array method of beamforming[C]. The 2nd International Workshop on Acoustical Engineering and Technology,1999(10):29 - 30.
[51] 赵月白. 线阵列虚拟阵元波束形成[D]. 哈尔滨:哈尔滨大学,2004(2):28 - 46.
[52] 杨冬. 近场波束形成算法及其应用研究[D]. 成都:电子科技大学,2012:17 - 33.
[53] 么彬,李海森,周天,等. 多子阵超宽覆盖海底地形探测方法试验研究[J]. 哈尔滨工程大学学报,2008(10):1076 - 1081.
[54] 谭伟杰,冯西安,张杨梅. 基于 Hankel 矩阵分解的互素阵列高分辨目标定向[J]. 西南大学学报:自然科学版,2016,38(7):191 - 198.
[55] 施为华. 中继卫星 SMA 系统反向链路多波束形成技术[J]. 电讯技术,2012,52(3):264 - 267.
[56] Kwong C P,Jonston E W. A variable step - size LMS algorithm[J]. IEEE Trans. on Signal Processing,1992,40(7):1633 - 1642.
[57] 郭志远,吴瑛. 一种改进的 SMI 波束形成算法[J]. 信息工程大学学报,2007,8(1):84 - 86.
[58] Wang Z S. Robust adative array processing:Theory and Applications[D]. University of Florida,2005:16 - 25.
[59] 潘帅,张永顺,苏于童,等. 基于先验信息的协方差矩阵重构抗干扰算法[J]. 火力与指挥控制,2018(9):13.
[60] 李雅梅. 稳健的宽带波束形成器研究[D]. 西安:西安电子科技大学,2004:2 - 4.
[61] Carlson B D. Covariance matrix estimation errors and diagonal loading in adaptive arrays[J]. IEEE Trans. Aerospace and Electronic System,1988. 7:397 - 401.
[62] Besson O,Vincent F. Performance analysis of beamformers using generalized loading of the covariance matrix in the presence of random steering vector errors[J]. IEEE Trans. on Signal Processing,2005,53(2):452 - 459.
[63] Ke Y,Zheng C,Peng R,et al. Robust adaptive beamforming using noise reduction preprocessing - based fully automatic diagonal loading and steering vector estimation[J]. IEEE Access,2017,5:12974 - 12987.
[64] Vorobyov S A,Gershman A B,Luo Z Q. Roubust adaptive beam forming using worst - case performance optimization:A solution to the signal mismatch problem[J]. IEEE Trans. Signal Processing,2003,51(2):313 - 324.
[65] 刘聪锋,廖桂生. 最差性能最优的稳健波束形成算法[J]. 西安电子科技大学学报(自然科学版),2010,37(1):1r - 7r.
[66] 白登潘. 自适应数字波束形成以及稳健技术研究[D]. 西安:西安电子科技大学,2014:37 - 48.

[67] Li J, Stoica P, Wang Z S, Doubly constrained robust Capon beamformer[J]. IEEE Trans. Signal Processing, 2004, 52(9): 2407 - 2423.

[68] 冯存前,童宁宁,丁前军. 一种自适应阵列指向误差校正方法[J]. 空军工程大学学报, 2007, 8(4): 53 - 57.

[69] 鄢社风,马良远. 传感器阵列波束优化设计及应用[M]. 北京:科学出版社, 2009: 53 - 90.

[70] Thng I, Cantoni A, Leung Y H. Derivative constrained optimum broad - band antenna array[J]. IEEE Trans. on Signal Processing, 1993, 41(7): 2376 - 2388.

[71] Van Trees H L. 最优阵列处理技术[M]. 汤俊,译. 北京:清华大学出版社, 2008: 382 - 392.

[72] Robinson M. Robust minimum variance beamforming with multiple response constraints[D]. Montreal, Canada: McGill University, 2007. 5: 8 - 23.

[73] 许京伟,廖桂生,朱圣棋. 基于幅相线性约束的自适应和差波束形成方法研究[J]. 电子学报, 2013, 41(9): 1724 - 1729.

[74] 冯晓宇,谢军伟,张晶,等. 基于改进最速下降 LCMV 算法的稳健波束形成[J]. 传感器与微系统, 2018, 37(4): 108 - 111.

[75] 吴美瑜,刘持标,邱锦明,等. 基于 ESB 算法的低旁瓣波束优化方法[J]. 三明学院学报, 2016, 33(4): 21 - 25.

[76] Wu Y, Wang Y. ESB - DMR beamforming under random matrix theory judgment principle[J], 2015.

[77] Lee C C, Lee J H. Eigenspace - based adaptive array beamforming with robust capabilities[J]. IEEE Trans. on Antennas and Propagation, 1997, 45 (12): 313 - 316.

[78] 王昊,马启明. 宽带子阵域特征空间稳健对角减载波束形成[J]. 电子学报, 2019(3): 584 - 590.

[79] 周讳,唐南,于美华. 一种快速的特征空间自适应波束形成算法[J]. 电子信息对抗技术, 2009, 24(4): 39 - 42.

[80] Yu J L, Yeh C C. Generalized eigenspaced - based beamformers[J]. IEEE Trans. on Signal Processing, 1995, 43(11): 2453 - 2461.

[81] Wang B H, Wang Y L, Chen H. Weighted spatial smoothing for direction - of - arrival estimation of coherent signals[C]. IEEE Proc. of Antennas and Propagation Society International Symposium. 2002, 2(6): 668 - 671.

[82] Pei S C, Yeh C C, Chiu S C. Modified spatial smoothing for coherent jammer suppression without signal cancellation[J]. IEEE Trans. on Acoustics, Speech, and Signal Processing, 1988, 36(3): 412 - 414.

[83] 曾浩,刘玲,覃剑,等. 时间平滑 ML 协方差矩阵估计算法及性能分析[J]. 系统仿真学报, 2007, 19(19): 4517 - 4520.

[84] 余继周. 基于酉变换的正交投影自适应波束形成[J]. 宇航计测技术, 2005, 25(1): 30 - 32.

[85] Mailloux R J. Covariance matrix augmentation to produce adaptive array pattern troughs[J]. IEE Electron Lett., 1995, 31(10): 771 - 772.

[86] Zatman M. Production of adaptive array troughs by dispersion synthesis[J]. IEE Electron Lett., 1995, 31(25): 2141 - 2142.

[87] Guerci J R. Theory and application of covariance matrix tapers for robust adaptive beamforming[J]. IEEE Trans. on Signal Processing, 1999, 47(4): 977 - 985.

[88] Song H C, Kuperman W A, Hodgkiss W S. Robustness of null broadening against source motion[C]. Sensor Array and Multichannel Signal Processing Workshop Proceedings, 2002. 8: 470 - 474.

[89] Song H C, Kuperman W A, Hodgkiss W S. Null broadening with snapshot – deficient covariance matrices in passive sonar[J]. IEEE Journal of oceanic engineering, 2003, 28(2): 250 – 261.
[90] Gershman A B, Serebryakov G V, Böhme J F. Constrained Hung – Turner adaptive beam – forming algorithm with additional robustness to wideband and moving jammers[J]. IEEE Trans. on Antennas and Propagation, 1996, 44(3): 361 – 367.
[91] Zatman M. Comments on "Theory and Application of Covariance Matrix Tapers for Robust Adaptive Beamforming"[J]. IEEE Trans. Signal Processing, 2000, 48 (6): 1796 – 1800.
[92] 武思军,张锦中,张曙. 阵列波束的零陷加宽算法研究[J]. 哈尔滨工程大学学报,2004,10(5): 658 – 661.
[93] 陈四根,杨莘元. 阵列信号处理相关技术研究[D]. 哈尔滨:哈尔滨工程大学,2004:85 – 90.
[94] Rübsamen M, Gerlach C, Gershman A B. Low – rank covariance matrix tapering for robust adaptive beamforming[C]. IEEE Proc. on Acoustics, Speech, and Signal Processing, 2008: 2333 – 2336.
[95] Gershman A B, Nickel U, Böhme J F. Adaptive beamforming algorithms with robustness against jammer motion[J]. IEEE Trans. on Signal Processing, 1997, 45(7): 1878 – 1885.
[96] Godara L C, Jahromi M S. An optimized sector nulling technique for broadband antenna array: 2008 2nd International Conference on Signal Processing and Communication Systems, 2008[C]. IEEE.
[97] Li W, Yang H. A novel algorithm for null broadending beamforming based on subspace projection and virtual antenna array: 2017 International Applied Computational Electromagnetics Society Symposium (ACES), 2017[C]. IEEE.
[98] 赵宇,李文兴,毛晓军,等. 一种抗阵列流型误差的波束形成零陷展宽方法[J]. 哈尔滨工程大学学报,2018,39(1):163 – 168.
[99] 晋军,王华力. 基于遗传算法的部分自适应波束形成方法[J]. 通信学报,2006,27(12):92 – 97.
[100] Sng Y H, Er M H, Soh Y C. Partially adaptive array design using DOA estimation and null steering[C]. IEE Proc. on Rador, Sonar Naving, 1995, 142(1): 1 – 5.
[101] Van Trees H L. 最优阵列处理技术[M]. 汤俊,译. 北京:清华大学出版社,2008. 1:570 – 579.
[102] Chuku P N, Olwal T O, Djouani K. Enhanced rls in smart antennas for long range communication networks [J]. Procedia computer science, 2018, 130: 196 – 205.
[103] Teitelbaum K. A flexible processor for a digital adaptive array radar[J]. Aerospace and Electronic Systems Magazine, 1991(5): 18 – 22.
[104] Lodha N, Rai N, Krishnamurthy A. Efficient implementation of QRD – RLS algorithm using hardware – software co – design[C]. IEEE International Symposium on Parallel & Distributed Processing, 2009.
[105] 冯地耕,陈立万,王悦善. 自适应波束形成与高性能 DSP[D]. 成都:西南交通大学出版社,2007. 9: 22 – 75.
[106] Sampaio – Neto R. An inverse QRD – RLS algorithm for linearly constrained minimum variance adaptive filtering[J]. Signal processing, 2013, 93(5): 1308 – 1316.
[107] Irfan R, Ur Rasheed H, Toor W A, et al. Performance analysis of adaptive algorithms for space – time adaptive processor (STAP) in phased array radar[J]. The Journal of Engineering, 2019(19): 6313 – 6317.
[108] Alexander S T, Ghirnika A L. A method for recursive least squares filtering based upon an inverse QR decomposition[J]. IEEE Trans. on Signal Processing, 1993, 41(1): 20 – 30.
[109] Cao J S, Wang X G. LSMI algorithm based on inverse QR decomposition[C]. IEEE Proc. on Communica-

tions, Circuits and Systems, 2006(6): 262 - 265.

[110] Rontogiannis A A, Theodoridis S. New fast inverse QR decomposition least squares adaptive algorithms [J]. IEEE Trans. on Signal Processing, 1998, 46(8): 2113 - 2121.

[111] 刘禹韬,包志强,李龙龙,等. 基于 Systolic 阵的 IQRD - SMI 算法的研究与 FPGA 优化实现[J]. 计算机测量与控制, 2016, 24(2): 239 - 241.

[112] Shang B, S H Li, Y Ren. Realization and comparison of QRD algorithms for STAP[C]. The 2nd Asian - Pacific Conference on Synthetic Aperture Radar, 2009: 306 - 309.

[113] 覃博,林云. MIMO—OFDM 系统中基于 QR 分解的检测算法研究[J]. 山西电子技术, 2012(5): 53 - 54.

[114] Hao Lin K, Lin C H, Chang C H. Iterative QR decomposition architecture using the modified gram - schmidt algorithm[C]. IEEE International Symposium on Circuits and Systems, 2009: 1409 - 1412.

[115] Patel D, Shabany M, Gulak P G. A low - complexity high - speed QR decomposition implementation for MIMO receivers[C]. IEEE International Symposium on Circuits and Systems, 2009: 33 - 36.

[116] Chen J W, Ni J L, Wang Y L. Inverse QR iterative algorithm for space - time adaptive processing[J]. IEEE Trans. on Signal Processing, 2002, 2(8): 1429 - 1432.

[117] 吴建新,王彤,索志勇,等. 空时自适应处理的滑窗递推 QR 算法[J]. 电子与信息学报, 2008, 30(10): 2338 - 2342.

[118] 李喆,谢磊,孙培. 基于滑窗 QR 和快速 PCA 算法的自适应子空间辨识[J]. 上海交通大学学报, 2015, 49(11): 1690 - 1695.

[119] Ganz M W. Rapid convergence by cascading Applebaum adaptive arrays[J]. IEEE Trans. on Aerospace and electronic systems, 1994, 20(2): 298 - 306.

[120] Chiani M, Win M Z, Zanella A. The distribution of eigenvalues for correlated Wishart matrices applied to optimum combining with unequal power interfemrs and noise[C]. IEEE Proc. on Information Theory Workshop, Paris, France, 2003: 203 - 205.

[121] 曾浩. 多目标测控中基于波达方向估计的自适应数字波束形成技术[D]. 重庆:重庆大学, 2006(4): 34 - 42.

[122] 刘玲,曾浩,曾孝平. 自适应 DBF 中采样快拍数对系统输出 SINR 影响[J]. 重庆大学学报(自然科学版), 2007, 30(2): 61 - 64.

[123] Reed I S, Mallett J D, Brennan L E. Rapid convergence rate in adaptive arrays[J]. IEEE Trans. Aerosp Electron Syst, 1974, AE10(6): 853 - 863.

[124] Feldman D D, Griffiths L J. A projection approach for robust adaptive beamfoming[J]. IEEE Trans. on Signal Processing, 1994, 42(4): 867 - 876.

[125] Cox H. Resolving power sensitivity to mismatch of optimum array processors[J]. J Acoust Soc Am, 1973, 54(3): 771 - 785.

[126] Ciblat P, Vandendorpe L. Blind carrier frequency offset estimation for noncircular constellation based transmissions[J]. IEEE Trans. on Signal Processing, 2003, 51(5): 1378 - 1389.

[127] Charge P, Wang Y, Saillard J. A root - MUSIC for non circular sources[C]. IEEE Proc. on Acoustics, Speech, and Signal Processing, 2001(5): 2985 - 2988.

[128] Delmas J P. Asymptotically optimal of DOA for non - circular sources from second order moments[C]. IEEE Proc. on Acoustics, Speech, and Signal Processing, 2003, 5(4): 185 - 188.

[129] Haardt M, Romer F. Enhancements of unitary ESPRIT for non - circular sources[C]. IEEE Proc. on Acoustics, Speech, and Signal Processing, 2004, 2(5): 101 - 104.

[130] Delmas J P. Comments on "Conjugate ESPRIT(C - SPRIT)"[J]. IEEE Trans. on Antennas and Propagation, 2007, 55(2): 511.

[131] 郑春弟,冯大政,雷革. 一种利用非圆信号特点的实值 DOA 估计算法[J]. 数据采集与处理,2009,24(2):193 - 197.

[132] 徐友根,刘志文. 修正的虚拟空间平滑算法[J]. 电子学报,2009,37(12):2646 - 2650.

[133] 束咸荣,何炳发,高铁. 相控阵雷达天线[M]. 北京:国防工业出版社,2007:297 - 307.

[134] 黄茜. 共形相控阵中的数字波束形成技术研究[D]. 成都:电子科技大学,2006:5 - 6.

[135] Ioannides P, Balanis C A. Uniform circular arrays for smart antennas. IEEE Antennas and Propagation Magazine, 2005, 47(8): 192 - 206.

[136] Hasan M A, Azimi - Sadjadi M R, Hasan A A. Rational invariant subspace approximations with applications[J]. IEEE Trans. on Signal Processing, 2000, 48(11): 3032 - 3041.

[137] Eromlaev V T, Gershman A B. Fast algorithm for the minimum - norm direction - of - arrival estimation [J]. IEEE Trans. on Signal Processing, 1994, 42(9): 2389 - 2394.

[138] Xu Z, Liu P, Wang X. Blind multiuser detection: from MOE to subspace methods[J]. IEEE Trans. on Signal Processing, 2004, 52(2): 510 - 524.

[139] 周讳,唐南,于美华. 一种快速的特征空间自适应波束形成算法[J]. 电子信息对抗技术,2009,24(4):39 - 42.

[140] 杨维,陈俊仕,李世明,等. 移动通信中的阵列天线技术[D]. 北京:清华大学出版社,2005:32 - 33.

[141] 董延伸,葛临东. 一种改进的稳健自适应波束形成算法[J]. 信号处理,2007,23(1):46 - 49.

[142] Van Trees H L. 最优阵列处理技术[M]. 汤俊,译. 北京:清华大学出版社,2008:537 - 550.

[143] 李庆扬,王能超,易大义,数值分析[M]. 华中科技大学出版社,1986.

[144] Yu K B. Rescursive updating of eigenvalue decomposition of a covariance matrix[J]. IEEE Trans. on Signal Processing, 1991, 39: 1136 - 1145.

[145] Yang B. Projection approximation subspace tracking[J]. IEEE Trans. on Signal Processing, 1995, 44: 95 - 107.

[146] Gerlach K, Picciolo M L. Airborne spacebased radar STAP using a structured covariance Matrix [J]. IEEE Trans. on aerospace and electron system, 2003, 39(1): 269 - 281.

[147] Van Trees H L. 最优阵列处理技术[M]. 汤俊,译. 北京:清华大学出版社,2008:1023 - 1024.

[148] Van Trees H L. Detection, Estimation, and Modulation Theory[M], Part I. New York: Wiley, 1970: 192 - 194.

[149] Ruebsamen M, Gerlach C, Gershman A B. Low - rank covariance matrix tapering for robust adaptive beamforming[C]. IEEE Proc. on Acoustics, Speech, and Signal Processing, 2008, 9(8): 2333 - 2336.

[150] Zaharov V V, Teixeira M. SMI - MVDR beamformer implementations for large antenna array and small sample size[J]. IEEE Trans. on Circuits and system, 2008, 55(10): 3317 - 3327.

[151] Baykal B, Constantinides A G. Sliding window adaptive fast QR and QR - lattice algorithms[J]. IEEE Trans. on Signal Processing, 1998, 46(11): 2877 - 2887.

[152] 谢磊,梁武星,张泉灵,等. 基于快速滑窗 QR 分解的自适应子空间辨识[J]. 化工学报,2008,59(6):1448 - 1453.

[153] Bojanczyk A D, Steinhardt A O. Stablized hyperbolic householder transformations[C]. IEEE Proc. on Acoustics, Speech and Signal Processing, 1989, 37(8): 1286 - 1288.
[154] 吴建新,王彤,索志勇,等.空时自适应处理的滑窗递推 QR 算法[J].电子与信息学报,2008,30(10):2338 - 2342.